JN000260

地方の建設業が挑む
ローカル SDGs 戦略

篠田篤彦
SHINODA ATSUHIKO

幻冬舎 MC

地方の建設業が挑む
ローカルSDGs戦略

はじめに

昨今「ＳＤＧｓ（持続可能な開発目標）」に取り組む企業が増えています。

ＳＤＧｓとは、２０１５年に国連総会で採択された持続可能な開発のための国際目標で、２０３０年までに達成すべき項目として「貧困をなくそう」「すべての人に健康と福祉を」「気候変動に具体的な対策を」など17の項目が掲げられています。

これを受けて多くの企業がＳＤＧｓに取り組んでいます。自社の事業を通じて地球環境の保護や社会問題の解決に結びつけようと志を高くもっている企業はもちろんのこと、ＳＤＧｓに取り組むことで投資家からの評価向上、顧客や消費者からのイメージアップ、従業員のモチベーションアップ、採用におけるブランディングなど企業価値の向上を期待している企業もあります。しかし、そのほとんどは大企業であるというのが実情で、多くの中小企業はＳＤＧｓへの取り組みに消極的です。

資金力のある大企業は、目先の利益に結びつかずとも、中長期的な視点でＳＤＧｓに取り組む余裕がありますが、中小企業だとそうはいきません。資金力のある中小企業は少なく、目先の利益を得るのに必死になっているところがほとんどです。そしてさらに深刻なのが地方の中小企業です。少子高齢化や都市部への人口流出などによって、人材が不足し、さらにはマーケットの縮小に歯止めがかかっていません。このような状況にもかかわらず、「さあＳＤＧｓを始めよう、持続可能な社会をつくろう」と言われても、「目先の資金繰りすら不透明なのにそれどころではない」というのが正直なところだと思います。

しかし、地方の中小企業こそＳＤＧｓに関わるビジネス、特に環境事業に取り組むべきです。

私はＳＤＧｓという言葉も存在しなかった30年前から岐阜県で環境事業に取り組んでいます。もともとは土木建築資材や建設機材を扱う商社として事業を展開していたのですが１９９１年に新たな建設機材を探し求めて訪れたドイツの展示会で運命が変わりました。その展示会場の片隅にあった環境事業のブースに置かれていたバイオマス発電システムと出会ったのです。

当時そんなものは目にしたことがありませんでした。自分の事業とは縁遠いと思いつつ、好奇心から話を聞き、俄然興味が湧いてきました。新しいものを見つけるととりあえず手を出してみるのは、私の昔からの性分です。

ブースの担当者と話すうち、後日、バイオマス発電システムが実際にどのように稼働しているかを見せてもらえることになりました。

そして訪れたドイツの小さな農村では、家畜糞尿と家庭の剪定材（薪を含む）、生ごみを利用したバイオマス発電で村の電力を賄うだけではなく、政府に売電して収益を上げていたのです。

その風景を見て、私は「これが社会のあるべき姿である」と心底思いました。それまで自然を人工物に作り替える土木工事に携わってきて、どこかで自然を破壊することに罪悪感をもっていたのだと思います。そしてきっとこの潮流は日本にも広がり、将来は必ず環境に配慮した社会になるとも考えました。

以降、さまざまな環境商材を海外で見いだし、日本での普及を目指してきました。

しかし、良い製品と出会い、日本に持ち込んだものの、それがすぐ事業として芽が出ることはありませんでした。当時の日本では環境事業の市場自体がほぼ存在せず、環境とビジネスとを結びつけて考える人すらほとんどいなかったのです。

それでも諦めることなく、できる範囲でこつこつと環境事業を続けてきたなか、追い風となったのが昨今のＳＤＧｓの広まりです。地道に手掛けてきたバイオマスや木製防音壁といった自社商品に一気に注目が集まるようになり、今後ビジネスとして大きく成長することが期待されます。

環境事業においては、都心部よりも地方に優位性があることが多いです。例えばバイオマスの原料となる廃材や家畜の糞尿が手に入りやすかったり、地熱など再生可能エネルギーの土台となる自然環境が身近であったり、施設を建てる際の投資も土地代が安く抑えられたりします。地方に根を張る企業だからこそ比較的少ないコストで始められ、その分短期間で利益を出しやすくなるのです。

そして環境事業への参入障壁は実は高くありません。農林水産省が全国に展開する地方農政局には再生可能エネルギーの担当窓口がありますし、自治体が相談を受け付けていることもあります。公的なサポート機関がいくつも存在するのに加え、補助金制度も整っています。しかも市場はいまだブルーオーシャンで、激しい競争にさらされることも比較的少ないといえます。

したがって、地方で不況にあえぐ中小企業こそ、ＳＤＧｓ関連事業を立ち上げ、収益の新たな柱とすべきなのです。

環境省は、地域の環境保全とのバランスを取りながら地域の資源を持続可能な形で賢く活用する事業を「ローカルＳＤＧｓ（地域循環共生圏）ビジネス」と定義づけています。

本書では、地方の中小企業がその市場に参入するための経営戦略を「ローカルＳＤＧｓ戦略」と位置づけ、私が30年かけて培ってきた、環境事業をビジネスとして成立させるためのノウハウを包み隠さず記していきます。また、私の会社の具体的な導入事例を基に、廃熱発電システム、バイオマス、小水力発電など、最新の環境事業の手法についても解説していきます。

地方の中小企業にとってＳＤＧｓはまたとないビジネスチャンスです。地方中小企業が私と同じように環境事業にチャレンジすることで、事業拡大が見込まれるだけでなく地方創生にもつながります。この本がきっかけで環境事業に取り組む中小企業が増えたなら著者としてうれしい限りです。

目次

第1章 SDGsにこそビジネスチャンスが眠っている

第2章

ドイツの展示会で出会った環境事業の可能性
地方再生と事業拡大を両立させる
「ローカルＳＤＧｓ戦略」

第3章

地場産業とのシナジー効果で新製品を生みだす 国内有数の林業地を活かした独自の木製防音壁

〈住み続けられるまちづくり〉〈陸の豊かさを守る〉

第4章

〈クリーンエネルギー〉〈つかう責任・気候変動対策〉

衰退する林業・畜産業を救う「熱供給システム」の開発 地元の資源を活用したバイオマス事業

第5章

〈陸の豊かさを守る〉〈住み続けられるまちづくり〉

ローカルSDGsを体現するうえで欠かせない「エネルギーの地産地消」電気の自給自足を実現するエコタウンプロジェクト

第6章

「環境・経済・社会」の課題を解決する ローカルSDGs戦略で 持続可能なビジネスを描く

第1章

SDGsにこそ
ビジネスチャンスが
眠っている

環境への取り組みは待ったなし

今、ヨーロッパを中心に経済システムの大転換が進行しつつあります。これまでは大量生産・大量廃棄をただ繰り返し、気候変動や生物多様性の喪失など、地球的な危機をもたらしてきたリニア・エコノミーが中心でした。一方、現在は廃物や汚染などを生みださないような循環型のサーキュラー・エコノミーが徐々に浸透しています。

今後の社会では環境に対して配慮していくことが誰にとっても当たり前のものとなって、環境保全に積極的でない企業は取引相手として選ばれなくなります。こうした潮流はすでにヨーロッパ諸国ではっきりと表れており、いずれ近いうちに日本でも主流を占めるようになってくるに違いないと、私は確信しています。

私が環境事業に取り組み始めたのは、ＳＤＧｓという言葉すらも存在しなかった30年前の１９９０年代からです。私の会社はもともとは土木建築資材や建設機材を扱う商社として事業を展開していました。運命が変わったのは、１９９１年に新たな建設機材を探し求めて私がドイツの展示会を訪れ、会場の片隅に展示されていたバイオマス発電システムと出会ったときでした。展示会をきっかけに、実際にドイツの農村でバイオマス発電機が稼働している現場も訪ねて収益を上がっているのをこの目で確かめた私は、環境事業にのめり込んでいきます。ただ、国内ではまだ環境事業の市場はなかなか成長することはなく、最初はできる範囲で地道に続けていただけでした。しかし昨今ＳＤＧｓへの関心の広まりで事態は大きく変わります。細々と続けていたバイオマスや木製防音壁といった自社商品に一気に注目が集まるようになり、現在では収益の柱の一つとなってきています。

自然エネルギーや資源が豊富にそろっている地方だからこそ、都市部では難しいような取り組みができ、それが強みとなることを私は実感し、積極的に事業展開を推進してきました。例えば土地の82％が森林である岐阜県なら、山に溢れている間伐材をうまく使い、再生可能エネルギーを生みだすような取り組みが適しています。

私の場合には、高速道路に関する工事で防音壁の設置も手掛けていた経験を活かし、環境事業と組み合わせる形で、独自に木製防音壁を開発しました。その取り組みが、昨今の

ＳＤＧｓのトレンドに乗って大きく成長していったのです。

中小企業も無関係ではいられないＳＤＧｓ

世界的に気運が高まってきているＳＤＧｓですが、日本では大企業を中心に積極的に取り組んでいるものの、中小企業はまだ消極的と言わざるを得ません。しかしＳＤＧｓのトレンドが今後、強まることはあっても弱まることはおそらくないので、いずれ中小企業も無関係ではいられなくなるはずです。消費者をはじめ世間一般のＳＤＧｓへの関心が高まっており、何をするにも環境への配慮を伴わせることが常識となっているからです。

世界に目をやれば、地球環境に常に配慮しながら企業活動を展開していく考え方はすでにグローバルスタンダードになりつつあります。ドイツなどではＳＤＧｓで掲げているような持続可能性を明確に意識して事業を推進している企業としか取引をしないという企業もよく見かけるようになりました。中小企業もまたそうした影響下から逃れることはできないのです。例えば2015年に採択されたパリ協定では、サプライチェーン全体での温室効果ガス排出量の目標が定められており、その達成を目指す大企業が取引先である中小企業にも対策を求めるというような流れが明確に生まれています。

経済産業省がまとめた「SDGs経営ガイド」によれば世界全体がSDGsの達成を目指すなか、地球環境への配慮を無視して事業活動を進めることは、企業の持続可能性を揺るがす「リスク」をもたらすと指摘しています。一方、企業がビジネスを通じてSDGsに取り組むことは、企業の存続基盤を強固なものにするとともに、いまだ開拓されていない巨大な市場を獲得するための大きな「機会」となり得るとも述べられています。企業の活動を支える投資家の世界でも、SDGsに対する感度の高まりなどから、近年は「ESG投資」が大きなトレンドとなっています。

ESG投資とは、財務状況だけではなく、環境（Environment）、社会貢献（Social）、ガバナンス（Governance）といった視点も取り入れて事業を判断し、投資をしていくことです。これは、今後はSDGsにあるような世界的な課題の解決に貢献するような企業こそが成長し、中長期的に見て投資のリターンが期待できるという考え方からきています。いまや世界中で重視されていますが、特にヨーロッパではその意識が高く、既存の運用にＥＳＧ投資を取り込まねば契約者が離れてしまうほど一般化しています。欧米では、企業のＩＲで最初にＥＳＧやＳＤＧｓについて質問が飛びます。日本でも２０１６年頃からＥＳＧ投資の伸びが大きくなっており、欧米の流れを引き継いで今後も成長していくと考えられますから、金融機関からの融資を受けるあらゆる企業の経営者が無関係ではいられないはずです。

ＳＤＧｓはもはや経営者の常識

ＳＤＧｓの推進は近年、日本の国策でもあり、日本政府は積極的に取り組んできました。２０１６年５月には、総理大臣を本部長、官房長官・外務大臣を副本部長、そして全閣僚を構成員とする「ＳＤＧｓ推進本部」が設置され、中長期的な国家戦略として「ＳＤＧｓ実施指針」が掲げられました。そこでは、日本が優先的に取り組むべき課題として、次の８つが挙げられています。

①あらゆる人々が活躍する社会・ジェンダー平等の実現
②健康・長寿の達成
③成長市場の創出、地域活性化、科学技術イノベーション
④持続可能で強靭な国土と質の高いインフラの整備
⑤省・再生可能エネルギー、防災・気候変動対策、循環型社会
⑥生物多様性、森林、海洋等の環境の保全
⑦平和と安全・安心社会の実現
⑧ＳＤＧｓ実施推進の体制と手段

そしてこれらの課題に対する具体策として、毎年「ＳＤＧｓアクションプラン」が策定されてきています。またＳＤＧｓ推進本部では、中小企業でのＳＧＤｓへの取り組み強化も明言しています。こうした背景から、今後の社会ではＳＤＧｓという国際的な基準を基

に企業活動を行うのが常識となります。したがってＳＤＧｓは、経営者なら必ず知っておかねばならないものです。

しかし日本の中小企業では、ＳＧＤｓを経営に活かすどころか、その内容をきちんと理解している人すらいまだ多いとはいえません。独立行政法人中小企業基盤整備機構が全国の中小企業など２０００社を対象にした「中小企業のＳＤＧｓ推進に関する実態調査」というアンケート調査があります。

それによるとＳＤＧｓについて、「聞いたことはある」を含めなんらかの形でＳＤＧｓについて認知している企業は86％である一方で、その内容を「十分理解している」「やや理解している」企業の割合は38・８％にとどまりました。

従業員規模別の理解度では、従業員１０１～２００人規模の企業において「十分理解している」「やや理解している」割合が76％と高いのに比べ、従業員５人以下の企業は32・８％となり、中小零細企業ほど関心が薄いことが見て取れます。

また、ＳＤＧｓに関する取り組みの状況と理解度の関係として、「十分理解している・やや理解している」と答えた企業のうち、「すでに取り組んでいる」、「今後は取り組んでいく予定」と取り組みに前向きな回答を示した企業の合計は58・４％と過半数を占めました。しかし「あまり理解していない・理解していない」と答えた企業では、「今後の取り組みは未定」、「今後も取り組む予定はない」といったネガティブな回答が93・５％と最も多くなっています。つまり理解度が増すほど、ＳＤＧｓに関する取り組みを実施していく傾向があるといえます。

ＳＤＧｓにこそビジネスチャンスが眠っている

ＳＤＧｓが重要だとはいえ、ビジネスに取り入れていくとなると、着手は簡単でもありません。資金に余裕のない中小企業なら特に、相応の見返りがなければ事業として進められないというのが本音です。私も一人の経営者として現実は痛いほど分かります。

しかしモノは考えようで、世界中がこぞって目指す目標があるということは、その過程でさまざまなビジネスが生まれる可能性の宝庫であるという見方もできるはずだと私は考えるのです。ＳＤＧｓをただの理念や社会的活動とは考えずに、ビジネスの大きな可能性としてとらえ、ＳＤＧｓを利用していかに利益を上げるかを検討するのが、地方の中小企業が生き残るための有効な手段であると私は考えています。

経済産業省も、ＳＤＧｓにはビジネスチャンスが眠っているとしたうえで、特にチャンスが見込める７つの領域を次のように挙げています。

①自然災害に対するインフラ強靭化：インフラ強靭化、防災インフラの構築
②エネルギー安定供給：非常用電源の開発、電力供給の安定化
③食料安定供給・生産基盤強化：作物収穫の向上と安定化、環境負荷の低い農業の導入、気候変動に強い作物品種の開発と導入
④保険・衛生：気候変動による感染症の拡大防止と治療
⑤気象観測および監視・早期警戒：気象観測と監視、早期警戒システム
⑥資源の確保・水安定供給：安全な水の供給、水不足への対応
⑦気候変動リスク関連金融：天候インデックス保険、天候デリバティブ

再生可能エネルギー、農業、水といった、地方にもチャンスが多いであろう領域がかなり含まれているのが分かります。地方の中小企業でも十分に参入の余地があると感じます。

地域の特産品や地場産業でも、ＳＤＧｓ目線でとらえ直すと新たな展開が生まれることがよくあります。例えば沖縄のとある農業法人は、名産品であるゴーヤの生産販売について、フードロスの観点から工程を見直したことが利益につながっています。

ゴーヤは、種を含んだ「わた」の部分が、実の多くの部分を占めています。カット野菜に加工するたびにわたを取り除いていましたが、わたが活用できればフードロス削減の観点からも好ましく、廃棄処分費用も減らすことができます。活用法を探ったところ、ゴーヤのわたを料理に使っている台湾に輸出する解決策が見つかりました。その結果、廃棄物が減って環境負荷も下がり、処分費用がなくなった分だけコストも抑えられ、売上が伸びたのです。

また、和歌山県にある家族経営の小規模業者は、ＳＤＧｓという追い風をきっかけとして、誰もが知る世界的ファッションブランドとの取引が始まりました。

この躍進は、一流ブランドがＳＤＧｓの目標である動物愛護、魚介類の乱獲防止、生態系維持の課題と向き合った結果、軒並み毛皮商品を廃止したところから始まりました。こうした動きのなかで、毛皮の代用素材として注目されたのが、エコファーと呼ばれる人工の生地でした。エコファーの製造元は数多くあるものの、一流ブランドが使う最高品質の商品を世に送り出せる製造業者はほぼおらず、そこで白羽の矢が立ったのが、この和歌山県の業者でした。地域ではもともと織物産業が盛んでしたが、毛皮商品の廃止という事態とともに衰退の一途をたどってきました。なんとかしようと、長い歴史のなかで培われてきた織物の技術をぬいぐるみ用の生地へと転用したのがエコファー製造のきっかけとなり、繊細で緻密な和歌山の匠の技に、一流ブランドが注目したのです。

重要なのはＳＤＧｓという世界的潮流をきっかけに衰退産業に新たな光が当たり、再生を果たした点にあります。逆にとらえれば、市場が縮小した地場産業であっても、ＳＤＧｓと絡めた新たな展開を考え、世界に向けて新たな方向性を提案していくことで、生まれ変わる可能性が十分にあるといえるのです。

生き残りに悩む地方中小企業

中小企業庁の『中小企業白書』によると、日本の企業数は1999年を境に減少傾向が続いてきています。中小企業・小規模事業者は2016年の段階で、20年前に比べ約120万社以上も姿を消しています。そして現在でも、その数がもち直すような好材料が見当たりません。

日本の企業数のうち99・7%以上、全従業員数の68・8%を占めている中小企業の衰退は、そのまま日本経済の縮小につながるものです。

2020年に突如として発生した新型コロナウイルスにより、日本でも多くの企業の活動に大きな支障が出ましたが、政府が中小企業に対し総額56兆円にも及ぶ支援を行ったことにより、未曽有の事態にもかかわらず企業の倒産件数は例年より減少しました。

しかしこれはある意味で異常であり、コロナ禍がなければ倒産していたような企業まで国の補助金によって延命ができた結果であるという厳しい見方もあります。そして国からの支援がひと段落している現在、コロナ融資を利用したあとに経営破綻した「コロナ融資後倒産」が急増しています。加えて、ロシアによるウクライナ侵攻をきっかけに起きた穀物や原油などの価格高騰や世界的なインフレの進行に伴う円安といった要因から、長らくデフレが続いていた日本でも1990年代以来の物価上昇が進んでいます。

物価が上がっても、上昇分を価格に転嫁してこれまでどおりの利益を確保できれば問題ありませんが、中小企業の現実はそう簡単ではありません。『中小企業白書』の2022年版によれば、68・6%もの中小企業で、物価上昇分を価格に転嫁することができておらず、粗利率が大きく落ちています。背景としては、長年のデフレ経済下にあったなかで消費者が値上げに対し厳しい視線を向けていることや、下請けという立場で価格交渉ができない会社が多いといった理由があると考えられます。

こうして利益が圧迫されれば、当然経営が苦しくなります。帝国データバンクの調査によると、2022年上半期に物価高で倒産した企業は159社で、過去最多だった前年同期の2倍以上に増えました。特に倒産が目立つ業種が、建設業、運輸・通信業、製造業です。これらは燃料費の高騰などの影響を大きく受ける業種でありながら、価格転嫁がとりわけ進んでおらず、かなり厳しい状況にあります。

そして特に追い込まれているのが地方の中小企業です。さまざまな経済状況に加え、東京への一極集中や若者の流出などにより深刻な人手不足に陥っている地域が多く、そこに根を張る企業にとって死活問題となっています。

このような状況下、生き残るだけで精いっぱいという経営者は多いと思います。私が属する建設業界では、これからさらに厳しい時期がやってきます。過去を振り返ると、東日本大震災と大津波に伴う甚大な被害からの復旧工事や、東京オリンピックに関連した工事、リニア中央新幹線関連の工事などの国家的プロジェクトによって活況となっていましたが、新型コロナの感染拡大が長引いたことで、民間の設備投資が大きく減少し、さらには原油高や物価高騰の影響で不景気の大波に襲われています。２０２１年には、業界に君臨するスーパーゼネコン４社が軒並み減益となりました。

業界の頂点に立つ４社の相次ぐ減益は、それに連なる何万もの中小企業に大きな影響を及ぼし、業界のすそ野を支える中小零細建設業が特に苦況に直面しています。

このような苦境を脱するチャンスとなり得るのが、ＳＤＧｓなのです。

地球環境保護は人類共通の課題

改めて示すと、ＳＤＧｓとは、「Sustainable Development Goals」の略で、日本語訳は「持続可能な開発目標」となります。米ニューヨークで開かれた２０１５年9月の国連サミットで採択され、世界共通の目標となりました。ＳＤＧｓでは「２０３０年までにあらゆる形態の貧困に終止符を打ち、不平等と戦い、環境を守り、気候変動に対処しつつ、誰一人取り残さないための世界的な取り組みを進める」という指針が掲げられています。

ただこうした議論自体は２０１５年よりも以前から続いてきたものです。地球環境の問題が世界的に注目されだしたのは１９８０年代後半からで、環境調査の結果、地球が危機的状態にあるとの認識が広まっていきました。

１９９２年にブラジルのリオ・デ・ジャネイロで開催された地球サミットで、地球規模の環境問題が人類共通の脅威であると認識され、日本でもリオ宣言に基づいて環境基本法が策定されました。１９９４年にはＩＳＯ１４００１環境マネジメントシステムが制定され、多くの企業が環境負荷軽減を意識し始めます。１９９７年、京都で開催されたＣＰＯ３（気候変動枠組条約第３回締約国会議）では、先進国に温室効果ガスの削減を義務づける京都議定書が採択され、先進国は法的拘束力のもとで温暖化対策を推進していくことになりました。

その後２０００年に、国連ミレニアムサミットで「ＭＤＧｓ（Millennium Development Goals）」が採択されます。これはＳＤＧｓの前身となるもので、貧困、保健、教育、ジェンダーなど8つの目標が設定され、２０１５年が達成期限でした。

そして期限を迎えた２０１５年、ＭＤＧｓに代わって採択されたのがＳＤＧｓであり、２０３０年までに、持続可能なより良い世界を実現すると打ちだしたのです。

ＳＤＧｓは、17のゴール（あるべき姿）と１６９のターゲット（具体的な目標）によって構成されており、まず押さえるべきは17のゴールです。農林水産省のホームページに解説があります（図１）。

【図１】SDGs17 のゴール

1 貧困を なくそう	2 飢餓を ゼロに	3 すべての 人に 健康と福祉を	4 質の高い 教育を みんなに
5 ジェンダー 平等を 実現しよう	6 安全な水と トイレを 世界中に	7 エネルギーを みんなに そしてクリーンに	8 働きがいも 経済成長も
9 産業と 技術革新の 基盤をつくろう	10 人や国の 不平等を なくそう	11 住み続けられる まちづくりを	12 つくる責任 つかう責任
13 気候変動に 具体的な 対策を	14 海の 豊かさを 守ろう	15 陸の 豊かさも 守ろう	16 平和と 公正を すべての人に
17 パートナーシップで 目標を 達成しよう	SUSTAINABLE DEVELOPMENT GOALS 2030 年に向けて世界が合意した 「持続可能な開発目標」		

資源が豊富な地方とSDGsの親和性

自然豊かで、その資源を活かしたエネルギー開発や廃棄物の再利用が推進しやすい地方は、SDGsと極めて親和性が高い場所の一つです。

例えば、地熱や風力といった自然エネルギーは都会よりも地方のほうが活用しやすく、発電所を建てる際にも、都市部に比べ稼働し始めるまでに必要なイニシャルコストが大きく抑えられます。都心に1000坪の発電所を建てるのはハードルが高いですが、地価などが安い地方であれば実現の可能性も高まるはずです。

また、地方に根を下ろしているからこそ知る土地の利や、地元事業者とのネットワーク、地域住民の理解の受けやすさも、地方の中小企業ならではの強みといえます。都心の川で水力発電をやろうとしても、川沿いの土地や漁業権などの権利関係が複雑化していてなかなか前に進まないでしょうが、地方企業ならこれまでのつながりを活かし、スムーズに着手できる可能性があります。

そうした地の利がある一方で、地方ならではのデメリットも確かに存在し、その最たるものが人材不足です。しかしそれに対しても、ＳＤＧｓの活用が一つの解決策となり得ます。

ＳＤＧｓは、よりよい世界を目指す国際目標です。この世界共通の価値観に賛同し、自分もなんかしたい、せっかく働くなら世の中に貢献したいと考える人は、多いものです。実際に私の会社でも、岐阜県という立地であるにもかかわらず、ＳＤＧｓにつながる環境事業を広く展開していることに興味関心をもち、都会から就職してきた社員が何人もいます。外国人の社員も８人働き、彼らともＳＤＧｓという価値観を共有できているからこそ、一緒に仕事ができています。地元の優れた人材の確保の意味でも、やはりＳＤＧｓは自社ブランディングの一つの起点となります。

このように、地方の中小企業が手掛けるからこそそのメリットは大きいのですが、それでも日本ではまだまだＳＤＧｓへの取り組みを推進する団体は多くありません。

２０２２年に発表された「Sustainable Development Report（持続可能な開発レポート）」

によると、日本のＳＤＧｓ達成度ランキングは、世界19位で、先進国では高いとはいえない順位です。特にヨーロッパには大きく水をあけられています。

このレポートによると、日本についてゴール４「質の高い教育をみんなに」、９「産業と技術革新の基盤をつくろう」、16「平和と公正をすべての人に」は達成されていると評価される一方、まだまだ足りないという部分もたくさんあります。特にゴール１「貧困をなくそう」、５「ジェンダー平等を実現しよう」、７「エネルギーをみんなに そしてクリーンに」、12「つくる責任 つかう責任」、13「気候変動に具体的な対策を」、14「海の豊かさを守ろう」、15「陸の豊かさも守ろう」、17「パートナーシップで目標を達成しよう」に関しては、重要な課題が残っていると考えられています。７、12、14、15はすべて環境に関わる項目です。これらの改善はいわば国際社会からの要請であり、日本政府も無視することはできません。必ず社会はこの達成に向けて動いていかねばならないのです。

「環境省ローカルＳＤＧｓ」とは

地方でのＳＤＧｓに関して、すでに国が動き出しています。

２０２０年に環境省は、「環境省ローカルＳＤＧｓ（地域循環共生圏づくりプラットフォーム）」を設立しました。そして、民間企業、金融機関、市民団体、大学、研究機関、行政機関等、多様な主体の積極的な参画および連携により、地域循環共生圏の創造を加速させる知見や技術の共有、新結合による価値創造に取り組み、持続可能な自立・分散型社会の構築につなげることを目的とした活動を開始しています。

ここでうたわれている地域循環共生圏とは、各地域がもつ美しい自然の景観などの地域資源を最大限に活用しながらそれぞれの特性に応じて補完し、支え合って自立・分散型の社会をつくっていこうという考え方です。

農村、山村、漁村がそれぞれに育んできた豊かな自然資源などを持続可能な形で食料や

【図２】地域循環共生圏のイメージ

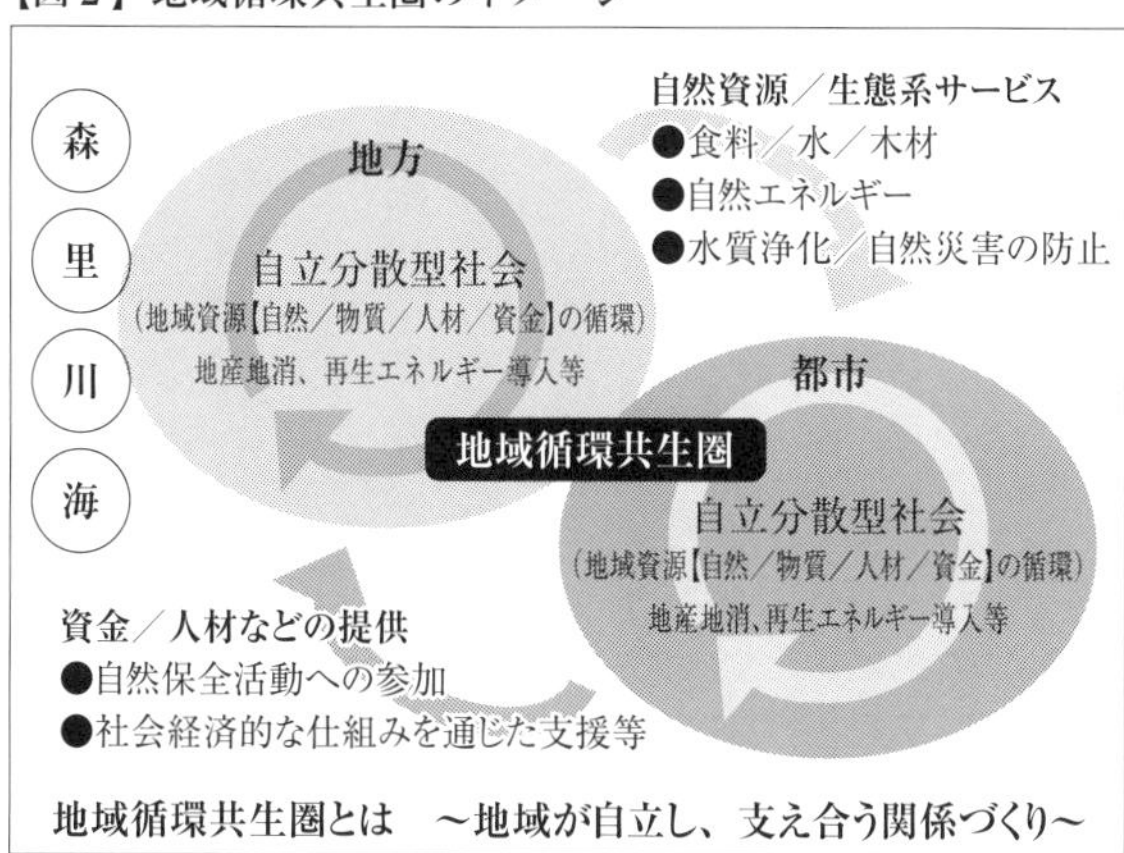

出典：環境省ホームページ
「環境省ローカルSDGs地域循環共生圏づくりプラットフォーム」

水、木材、自然エネルギーなどを生みだして都市部に提供したり、都会に住む人たちと交流を深めたりします。その一方で、都市部からはエコツーリズムや自然保全活動への参加を拡大したり、地域の名産品の消費拡大などを推進したりして社会活動の面で支援を続けることなどによって、それぞれの地域の特性に応じて資源を補完し支え合うことができ、地域の活力も最大限に大きくしていくことができるのです。また地方と都会それぞれに住む人たちが、幅広い面で持続可能な循環共生型の社会、環境と生命を大切にした文明社会の実現を目指していくために、互いに交流を深めながら連携し、「環境・経済・社会」を統合させながら循環させ、地域でのＳＤＧｓの実践（ローカルＳＤＧｓ）を目指していくのです。

それぞれの地域で環境・経済・社会を循環させるためには、さまざまなプレイヤーの力が必要であり、また、地域に眠っている資源を活用する新しいビジネス創出のチャンスでもあるとし、環境省は企業に対して地域循環共生圏づくりプラットフォームへの参画を呼び掛けています。

ローカルＳＤＧｓのプレイヤーはまだ少ないからこそ、中小企業にとってチャンスがある

環境省が提唱する「地域循環共生圏」は図3のように具体的に出てきてはいますが、企業、特に中小企業が主体となって取り組んでいる例は多くはありません。国や自治体が推し進めようとしているものの、参画する企業が限られています。

また、日本経済新聞「第3回全国市区・ＳＤＧｓ先進度調査」（２０２３年1月日経グロー

【図3】地域循環共生圏の事例

出典：環境省ホームページ「環境省ローカルSDGs地域循環共生圏づくりプラットフォーム」

カル掲載）によれば、ＳＤＧｓへの取り組みについて全国８１５の市区を対象に調査したところ、総合評価で1位だったのがさいたま市となっており、3位福岡市、4位京都市など、上位10市区のなかに政令指定都市が7市入っています。大都市が優位な状況が報じられているのですが、だからこそ地方にチャンスがあるといえます。ＳＤＧｓのトレンドが今後ますます強まるなかで、地方の中小企業が環境事業に着手すれば注目を集めることは明らかですし、ポジティブなブランディングにつながるのは間違いありません。今こそ、他社との差別化を図るうえでも勝負に打って出る絶好のタイミングなのです。

ＳＤＧｓへの取り組みとしては、なにも17のゴールと１６９にも及ぶターゲットすべてといちいち向き合わなければならないわけではありません。自社のビジネスの範囲やその延長上にある課題を定めて、それぞれができる範囲で事業に即した形で貢献していくのがベストです。

地方の中小企業がそれぞれ身近にある課題を選び、きちんと利益を上げる事業として実行していくことこそが、成功のためのポイントなのです。

第2章

ドイツの展示会で出会った環境事業の可能性 地方再生と事業拡大を両立させる「ローカルSDGs戦略」

創業110年の老舗企業が新事業に取り組むようになった理由

豊富な自然環境を大切にしながら、さまざまなＳＤＧｓを巡る気運の盛り上がりを背景に、ローカルＳＤＧｓの展開できる可能性は大きく、そこに絶好のビジネスチャンスが広がっています。

私が事業を始めたのは、ＳＤＧｓという言葉が生まれるより前の１９９１年まで遡ります。そもそもなぜ地方の建設会社が環境事業に取り組むようになったのか、その背景から語ることで、今後ＳＤＧｓを活かしたビジネスチャンスを模索していこうと意欲を抱く人たちに実情を知ってもらえれば、一つの事例として参考になるのではと思い、ここで記しておきます。

現在私が経営している建設会社は、もともと１９１２年に祖父が興した鉄工所をその原点とし地元・岐阜県に根を下ろして事業を展開してきました。

祖父のあとは父が継いだので、私は建設会社の社長の孫、息子の立場で長く過ごしていたのですが、いわゆるおぼっちゃまとして苦労知らずに育ってきたわけではありません。父も祖父もとにかく厳しい人で、子どもの頃、家業の苦しいときには父方の生家である山奥の祖父母宅に預けられ、そこで毎日山から丸太を担いで下ろすというなかなかハードな手伝いを続けていました。まさに「働かざる者食うべからず」で、仕事をしなければ夕食を腹いっぱい食べられませんでした。今思えば、そうした生活が健康な体をつくり、自然を愛する心を育んでくれたのですが、当時はただつらかった記憶しかありません。しかし、祖父母から受けた恩は忘れることができずに、限界集落となった過疎化が進んだ町にいつかは戻って、町のために恩返しをしたいと思っています。

大学時代には、バックパッカーとしてヨーロッパを巡りました。この経験が環境事業との出会いにつながっていきます。

就職は、第一希望の広告業界から内定をもらっていたにもかかわらず、父に反対され、建機メーカーに入社することになりました。ものづくりで生きてきた父にとって広告業界は得体の知れない、不誠実な仕事に見えていたのです。

建機メーカー時代にスーパーゼネコンとともに仕事ができ、多くの現場を直に見ることができました。空港建設をはじめとした大プロジェクトに関わり、高い技術力や施工管理能力を肌で知ることができたのは貴重な経験でした。

建機メーカーでの仕事は面白く、熱中していたのですが、その後第二次オイルショックなど親会社が造船業界の会社だったこともあり、不景気となり、厳しいリストラが始まりました。私には家業があり、帰る場所がありましたから、自分が辞めれば誰か一人が首を切られずに済むと考えて退職を決め、地元に戻って１９８０年に当時父が経営していた会社へ入社したのです。

主な事業は橋梁や砕石プラント製造といったモノづくりでした。一方では民間の建設会社を顧客とした土木資材の販売なども手掛けていたものの、父はそれら民間相手の商売をあまり好んではいませんでした。取引先には財務状況が安定しないところがいくつもあり、ある日いきなり倒産したりしていたためです。盆や正月など長期休み明けは特に倒産が増えるので、父はいつも警戒していました。そんなリスクのある商売よりも、確実にお金を回収できる国や県から鋼製橋梁をはじめとする主力製品を受注し、いずれそちらに軸足を移していきたいと考えていたのです。

とはいえこれまで世話になってきた相手と、そう簡単に付き合いをやめることは仁義に反します。そこで白羽の矢が立ったのが私です。

私は入社当初、もとの仕事でのキャリアを活かして建設会社などに建設機械を売り歩いていましたが、一癖も二癖もありつつどこか憎めない建設会社の経営者たちが好きで、いい関係を築けていました。

そのため、ある日父から呼ばれて、民間の建設会社との付き合いを任せたいと言われたときは二つ返事でオーケーしました。父はそのために資本金３０００万円と、建設会社を相手に仕事をしている社員たちを私に任せ、商社部門として別会社を設立しようとしたのです。

こうして１９８５年3月に現在の会社が誕生し、私は36歳でトップに立ったのでした。

当時、土木系の会社の社長としてはかなり若く、業界特有の馴れ合いが大嫌いということもあり、最初は生意気だと散々たたかれましたが、持ち前の反骨精神でそれをバネに変え、新たな事業にどんどん取り組んでいくことになります。

建設機械のレンタル業が大ヒット

会社を設立してすぐの頃は建設機械の仕入れ販売を手掛けていましたが、ほどなくして私は新たな業態へのチャレンジを決めました。建設機械のレンタル業です。

建設機械といえば、大手ゼネコンの一次請け、二次請けといった建設会社が自前でそろえて仕事を取るのが一般的でしたが、不景気の状況ではそうした設備投資が難しく、今あるものを、いわばだましだまし使うしかなくなります。そこでもし、建設機械を貸し出してくれるところがあれば、機械が足りない部分はレンタルで補えるため、よりフレキシブルに案件を受注できるはずです。私には、レンタル事業はこれからきっと伸びていくだろうという読みがありました。また、一度軌道に乗れば月々安定した収入が得られるようになるというのもレンタル事業の魅力でした。

思い立ったが吉日で、社長になってから1年もしないうちにレンタル事業に乗りだしていきます。当時建設機械を扱う商社は数多くあるけれど、レンタル事業を手掛けているところは岐阜県内でも2～3社しかなかったと記憶しています。

最初は手探りで経営していったのですが、予想が当たってレンタルの需要はどんどん大きくなり、気づけば岐阜県内で8つの営業所を展開するまでに組織が拡大していました。

こうして事業は順調にいっていたのですが、そんなときこそ新たなチャレンジをしなければならないというのが私の持論です。一つの成功体験にこだわり、縛られていては、時代の変化に柔軟に対応できなくなります。レンタル事業でも、この先競合他社が増えてくるのは目に見えていました。もし大手企業が参入してきたなら、中小企業の体力ではとても太刀打ちできず、あっという間にシェアを奪われます。新興の中小企業の生きる道は、ニッチなビジネスしかないのです。私はすでに次の事業の芽を探していました。

そんな折、東海北陸自動車道の建設工事で、会社のいちばん近くにあったトンネル工事の現場から、機械を貸してほしいという依頼を受けました。先方が要望する機械は、トンネル工事でしかその姿を見ることがない専門的なものです。

私はそこで思い立ち、トンネル工事専門の機械をそろえることにしました。東海北陸自動車道の工事は今後も10年以上のスパンで続いていく計画でしたし、岐阜県は日本有数の山岳県なのでトンネル工事はつきものであり、ニッチな需要を先取りできると考えたのです。

　すると近所の現場はもちろん、時には遠くの現場からも注文が入るようになり、すぐに手ごたえを感じました。これはもしかするとトンネル機械一本でいけるのではないかと考え、どうせやるなら中途半端ではなくとことんまでやろうと舵を切ります。そして、順調だった建設機械レンタル事業から、国内でも類を見ないトンネル工事向け機械専門のレンタル事業へと軸足を移したのでした。

　当時は東海北陸自動車道だけではなく、新東名高速道路などの大型道路工事が進んでおり、長いトンネルの建設がいくつも計画されていました。結果としてその需要にうまく食い込むことができ、１００本近いトンネル工事に参画していきます。

　機械のレンタル事業を手掛ける一方で土木建設資材やインフラ整備関連の商品も取り扱っていたのですが、商品を売るだけではその利益の幅は小さく、施工まで一貫して請け負うことも視野に入れて、とび・土工工事や塗装工事といった一般建設業の許可も取っていきました。施工技術については、レンタル事業でスーパーゼネコンの現場を回るなかで最先端の技術と、すばらしい効率の施工管理を実地で学べたことが大きな財産となりました。

そしてトンネル工事に深く携わるようになった結果、道路関連の商品や工事技術が伸びていきました。具体的には、道路建設には欠かせない車両用防護柵・転落防止柵・高欄等の交通安全施設工事全般を請け負うことができるようになったのです。

そのなかで私が特に注目した分野が防災です。岐阜県では、地震や大雨によって地滑りや土石流といった山地災害が発生し、道路を寸断し、民家に被害をもたらします。そうした大規模な自然災害に備え、橋梁の耐震補強や落石予防工事、土砂対策工事などの防災・減災工事を積極的に手掛けるようになりました。さらに、人々を水害から守るダムや堰堤の工事、豪雪地帯で雪崩を食い止める防護柵設置工事といった幅広い防災関連の工事を請け負っていきました。

このような自然を相手とした事業領域も、後に環境事業に関心をもつうえでのベースとなるものであったと今では感じています。また、レンタル事業と土木関連の事業全般でしっかりと利益を上げられたからこそ、環境事業がまったく利益につながらなかった時代から、諦めずに粘り強く防災事業の取り組みを続けてこられたのは間違いありません。

ＳＤＧｓに対する取り組みについても、現在の本業とうまくリンクするなら問題ありません。しかし新たに事業を興す場合、そこにすべてのリソースを注ぎ込んで本業から撤退するより、本業で利益をある程度確保しながら着実に新事業を育てていくのが理想的です。

ドイツで環境事業と出会う

私が環境事業と出会ったのは１９９１年のことです。当時は建設機械のレンタル事業を手掛けていたので、常に新たな建設機械を探し求めていました。現在のようなインターネットがない時代、情報を集める貴重な場となっていたのが展示会であり、私は日本だけではなく海外の展示会にも積極的に出向いていました。日本には入っていないような最新の建設機械を仕入れるためです。

最初に参加したのはフランスの展示会だったと記憶しています。日本からも大手建設機械メーカーが出展しており、現地入りしていた社長に会いに行ったついでに展示会を見たのですが、一瞬で心を奪われました。

衝撃的だったのはその規模です。幕張メッセの10倍もの広さのイベントスペースに見渡す限り建設機械が並んでいたのです。そこには日本では見たこともない形の機械や、予想外の動きをする機械がたくさんあり、建設機械と関連したあらゆる商品もそろっていました。

それからは年に何度も海外に飛び、展示会を渡り歩きました。特によく訪れたのがヨーロッパです。世界的に有名な展示会がいくつも開催されているのに加え、バックパッカーとして回った経験から個人的にも好きな土地だったというのもあります。

そのなかでこれはいいと思える建設機械に幾度か出会い、見積もりは取ったのですが、日本の厳しい排気ガス規制をクリアできないなどの課題があって結局は見送りました。

1991年に参加したのが世界三大建機展の一つとされる国際見本市「bauma」です。ドイツを代表する都市の一つであるミュンヘンで行われたこの展示会には世界中の建機メーカーや部品メーカーが集まり、広大な会場に真新しい建設機械がずらりと並ぶその様は、まさに圧巻でした。

巨大な建設機械を見上げながら足の赴くままに会場を闊歩し、ある程度見終わって一息ついたとき、堂々とそびえたつ建設機械の隙間のような場所に小さなブースが出ているのが目に入りました。そこにはやや大きな箱型の機械が据え置かれ、担当者がパンフレットを並べただけの簡素な机を前にしてパイプ椅子に座り、暇そうにしていました。

何にひかれたのかよく分かりませんが、気づけば私はそのブースの前に立っていました。すると担当者が日本語で話し掛けてきたのです。そんなことは今まで一度もなく、ずっと英語でやり取りしてきましたから驚きでした。

とたんに親しみが湧いていろいろと話したところ、後ろに置かれた箱型の物体は建設機械ではなく、バイオマス発電機であると分かりました。

そのときは事業になるなどとはまったく考えず、むしろ自分とは関係のないものだと思いましたが、持ち前の好奇心からどんどん話を聞くうちに、俄然興味が湧いてきました。

一度関心をもったら、実物を見なければ気が済まないというのが私の性分です。実際に稼働している様子を見たいという意思を担当者に伝えたところ二つ返事でオーケーしてもらい、後日改めて会う運びとなったのです。

ドイツの小さな農村で見た、未来の街の姿

バイオマス発電機が稼働している様子を見るのに私が訪れたのは、ドイツのミュンヘンの郊外の小さな農村でした。そこでは家畜の糞尿を利用したバイオマス発電で村の電力が賄われているうえ、政府に売電して収益まで上げていたのです。

当時の日本では、排気ガスに対する規制がやや厳しくなっていたものの、再生可能エネルギーの活用などほとんど行われていませんでした。しかしすでにドイツでは、町や村といった自治体単位で再生可能エネルギーを活用し、今でいうＳＤＧｓに沿ったようなことを当たり前のように実施していたのです。それからというもの私はドイツという国に強くひかれ、時間をつくってはいくつもの街を巡り、再生可能エネルギーやリサイクルなどの

取り組みを見ていきました。

市民たちはごみを徹底的に分別し、ペットの糞まで仕分けたうえでほぼすべてを資源として使い、バイオマス発電へと回していました。

捨てるという概念がほとんどなく、例えばペットボトル飲料を買う際には、本体価格と同じくらいのデポジットを払い、飲み終わってリサイクルに出すとそのお金が返ってくるといった仕組みが整備されていました。

子どもたちに対しても、トイレに溜まった糞尿を枯れ葉や木の皮のチップなどと混ぜて分解し、肥料にして畑にまき、そこで作った食物を自分たちがランチで食べるといった取り組みを教育の一環として行っていました。

いくつもの地域を訪れましたが、最も感銘を受けたのはグリュンバルトでした。裏の山を越えればポーランドという国境付近に位置したこの村は、中心に教会が建つ城塞都市であり、周辺には山岳地域らしい雄大な自然が広がっています。

そこで利用されていたのが地熱を利用した暖房システムで、パイプでつながり各家庭に供給されていました。また、ごみからはバイオマス発電を行い、さらには水道管にまで発電装置が組み込まれているなど、一つの村のなかでエネルギーが完璧に循環していました。

それを見て私は心が震え、街というのは本来こうあるべきだと強く思ったのです。

ドイツだけではなく、ヨーロッパ全土でもこのような潮流はすでに生まれていましたから、いずれは日本にもその波がやってくると私は考えました。

もし私がドイツにあるような環境保全の商材を日本に持ち込み、他に先だって広めることができれば、きっとビジネスになり、何より大きな社会貢献ができるはずです。そのときから、私のなかで再生可能エネルギーやリサイクルといった環境保全とビジネスとが次第に結びついてきました。

ただ現実にはそう簡単なものではなく、最初にドイツから日本へ持ち込もうとした乾式バイオマス発電も、その後にチャレンジした小水力発電も、事業としてはなかなかうまくいきませんでした。ほかにもいくつもの環境商材の輸入販売を試みましたが、ほとんど芽が出ませんでした。これはひとえに、日本における環境保全活動の高まりが思いのほか遅れていて、本気で取り組もうとする自治体や企業がなかったためです。

それでも私は諦めることなく、環境事業に取り組み続けました。なぜなら、本業の土木・

建設関連事業だけに頼ってはいつか行き詰まるという危機感があったからです。

フレキシブルな発想で事業の柱を変えていく

地方の建設会社の大きな収入源となるのは公共工事です。岐阜県なら山間地の高速道路の開通工事などが地元業者を支えています。しかし裏を返せば、その工事が終わってしまったら地元業者の収入源は大きく失われることになります。公共工事で得られる収入がなくなった建設事業者がやれることといえば、インフラや施設の維持管理に絡むくらいしか残りません。

実際に、岐阜県でも高速道路の工事に駆り出された地元の事業者は、インフラの整備が進むほどに仕事がなくなっていき、倒産するケースが目立っています。工事を請けるには投資を行って人材や設備を整える必要がありますが、工事が終わったあとにもそれらを稼働し続けるだけの仕事量が地方にはないからです。

また公共工事の発注量は時の政権の考え方や景気などで大きく変動します。コロナ禍がいい例ですが、未来のことなど誰にも分からず、どんなに安定して工事を受注できていたとしても状況一つで経営が傾くリスクを常にはらんでいます。

地域の建設会社を顧客にもち、かつ自社でも公共工事を引き受けていた私の会社もまた同じ運命にあります。だからこそ私は、新たな事業の種を探し求めてきました。

中小企業の経営者の多くは経営の安定を図る際、今の事業をいかに拡大するか、どのようにして利益率を高めるかというように、既存事業の伸びしろを使ってそれを成し遂げようとします。確かに既存事業の市場がどんどん広がっているような成長期にはそれが正解ですが、どんなに栄華を誇っている事業でもいつか必ず衰退する時がやってきます。そうして縮小期に入った際には、事業への依存度が高いほどダメージが大きく、しかもなかなか方向転換できなくなります。

大企業にはなかなかない中小企業ならではの強みの一つはフットワークの軽さです。一つの事業領域に固執することなく、フレキシブルな発想で時代に合った新たな事業へのチャレンジを続けていくというのが少子高齢化によってさまざまな市場が縮小していくなかで生き残るための方法であると私は考えています。

そこで私は環境事業に目をつけ、いずれ必ず環境保全の機運が高まって市場が大きく広がると信じてチャレンジを続けてきたわけですが、なかなか芽が出ずに10年以上鳴かず飛ばずの状況でした。

風向きが変わってきたのは2010年に入ってからで、東日本大震災により再生可能エネルギーに注目が集まったことや、太陽光発電の固定価格買取制度（FIT）のスタート、そしてSDGsの採択などによって日本でも環境保全への意識が高まってきました。それと併せて、私がこつこつと続けてきた環境事業にも光が当たる機会が増え、ようやく事業として利益が積み上がってきています。

環境事業に無数に眠る、事業の種

環境事業に絞っていうと、市場が広がってきた現在において新たなビジネスの種を見つけるのはさほど難しくはないと感じます。なぜなら、日々報じられている環境問題にヒントがいくらでもあるからです。

例えば今、世界各国で問題になっているのがペットボトルや食品用トレイなどのプラスチックの処理です。主原料が石油であるプラスチックは、燃やすと温室効果ガスが発生して地球温暖化の原因となります。また、プラスチックを作るほどに石油が消費されて資源の枯渇にもつながります。そして何より問題視されているのは、大量のプラスチックが海に流れ出て環境を汚染していることです。プラスチックは一般的な生ごみなどとは異なり、基本的には自然に分解されることはありません。ちぎれて小さくなることはあっても完全にはなくならず、数百年も存在し続けるといいます。

環境省の令和元年版『環境白書・循環型社会白書・生物多様性白書』によると、１９５０年以降、世界で生産されたプラスチックは83億ｔを超え、63億ｔがごみとして廃棄されてきました。そのうち回収されたプラスチックの79％が埋め立てまたは海へ投棄されているといいます。毎年約８００万ｔのプラスチックごみが海に流出し、このままのペースでは２０５０年には海のなかのプラスチックごみの重量が魚の重量を超えるという試算もあります。

こうした背景には、2017年に中国がこれまで世界中から引き取っていたプラスチックごみの買い取りを止めたことで廃プラスチックが行き場を失っていることや、日本国内でプラスチックを処分する際にはお金を払う必要があり、そこまでして廃プラスチックを引き取る業者が減っていることなど、さまざまな要因があります。処分の適切な担い手がいないからこそ自然のなかに投棄されてしまうわけです。

そうやって海に出た廃プラスチックが、日本で最も多く流れ着く場所といわれるのが長崎県の対馬です。南北82㎞と細長い形状で、対馬海流が日本海に流れ込む入り口に位置し、冬は大陸からの季節風にさらされることなどの諸条件が重なった結果、毎年膨大なごみが漂着し、その約7割は廃プラスチックとなっています。こういったごみは、ただ対馬から本土へと運ぶだけで年間10億円もの費用がかかるといいます。

地方紙を読んでそんな現状を知った私は、なんとか地元でリサイクルできる仕組みがつくれないものかと考え、対馬市役所に相談に行きました。現在は廃プラスチックをうまく処分できる商材を探し、対馬での活用を検討しているところです。

ほかにも、例えばロシアによるウクライナ侵攻の影響でロシアを主産地とする肥料の供給が滞り過去最高の価格になっているというニュースから、バイオマス発電の材料となる糞尿をうまく肥料に変え、それを流通させるような仕組みがつくれないかといったアイデアを練るなど、ビジネスの種になりそうなものは無数にあります。

事業拡大と地方創生の両立は可能

こうして新事業の種を探すにあたり重要なのは、費用対効果や効率を考えずにとにかく動いてみることです。あらゆる事業にいえますが、他者の役に立ってこそ事業を行う意味があり、利益はあとからついてくるものです。最初からお金の話にとらわれてしまえば行動が制限され、柔軟な発想でアイデアを出すことができなくなります。

また地方の中小企業であれば、その地域ならではの特性を十分に考慮するというのが成功への近道です。例えば岐阜県なら、豊富にある天然資源、特に木材を活かさない手はありません。そうやって地の利が活かせるような事業を選択するというのが、ローカルＳＤＧｓ戦略の基本路線となります。

なお、環境事業やローカルＳＤＧｓ戦略について、地方創生と事業拡大を両立させるような事例はまだ日本では乏しいですが、ドイツにその成功例を見ることができます。ドイツは再生可能エネルギーの導入などにおいて日本よりも15年から20年進んでいるとされており、日本で環境事業を行う際のヒントがちりばめられたすばらしい事例が生まれていますから、ここで紹介しておきたいと思います。

ドイツでは、自治体が主体的にエネルギー供給や環境事業に関わることが伝統として根づいています。その象徴的な存在といえるのが、自治体所有の公社である「シュタットベルケ」です。ちなみにこのドイツ語を直訳すると「町の事業」を意味します。

シュタットベルケのタイプは、完全に自治体の管理下にあるところから、民間資本が入っているところまでさまざまですが、過半数の株を自治体が所有しているケースがほとんどです。その事業内容は多岐にわたり、電力・ガス・熱供給のほか、水道や下水処理、ごみ収集なども行っています。バスなどの地域交通から、図書館や福祉施設などを運営しているところもよくあります。そして多くのシュタットベルケは再生可能エネルギーの導入に積極的であり、自らで発電所を所有し、風力や太陽光発電、地域の資源を使った木質バイオマス発電などを行っています。

２０００年前後、ドイツでは電力およびガスの自由化に伴う業界再編が行われました。大企業が続々と参入するなかで、公社であるシュタットベルケは地域に密着したサービスと一定以上のコスト競争力を維持し、地域顧客を獲得していきました。現在、ドイツには１０００以上ものシュタットベルケが存在し、電力小売事業では約６割、ガス小売事業で７割近く、水道事業では８割以上ものシェアを獲得しています。民間企業と争ったうえでこれほどの数字を保っているのは驚異的です。

またシュタットベルケでは自ら作った電力を売って利益を上げ、それでほかの公共サービスの赤字を補填するようなケースもよく見られます。地方創生の観点においても、見習うべき点は多いのです。

市民と行政で手を組み、再生可能エネルギーを普及

ドイツ南部のバイエルン州のはずれにある人口わずか3000人に満たない田舎町、ヴィルトポルズリートは、再生可能エネルギーの利用においてヨーロッパでも有名な存在です。1990年代からエネルギー自立と地域振興のために再生可能エネルギーの導入を始めた結果、地域で消費する電力の7～8倍もの電力を生みだすことに成功しました。

重要なポイントといえるのが、すべての再生可能エネルギーを自治体または住民が所有しているという点です。それにより売電などで生まれる利益はすべて地元に還元され、新たな設備投資やメンテナンスなども可能となり、持続可能性を高めています。これらは計画段階からすでに意図されたもので、まさにエネルギーの地産地消、そして地域経済の循環を成し遂げた町といえます。

1998年の電力自由化をきっかけとして町長が再生可能エネルギーの導入による地域

振興という政策を打ちだし、町民へのアンケートを取った結果、92％からエネルギーシフトについて賛成するという回答が得られたといいます。こうして市民の協力のもと、再生可能エネルギーの活用とエネルギー消費の削減、地域の木材を最大限に活用した環境建築の促進、資源の保護と環境に配慮した排水処理、という３つの柱を掲げ、２０２０年までにすべての電力を再生可能エネルギーで賄うことを目標としてきました。

このプロジェクトの中心となっているのが市民の出資によって実現した風力発電です。総工費30億円以上をかけて９基の風車を建て、一般的な家庭なら４８００軒以上の年間消費電力を賄えるほどの量である17㎿もの電力を生みだしています。なお、出資した市民に対しては、年間８％という高い配当が還元されているといいます。

そのほかに、太陽光発電を公共施設や家屋の屋根に設置したり、バイオガス施設で発生させたガスを燃料にして発電と同時に熱供給も行い、暖房として活用したりと、多角的な取り組みによって再生可能エネルギーを町中に循環させています。

こうしてヴィルトポルズリートでは、市民と行政が手を組んで再生エネルギーの普及を進めた結果、売電収入による経済利益を得られるようになるとともに、エネルギー関連の新たな産業や雇用を生み、住民の数も増えて税収も増加しました。

このように、自治体や住民が主導的な立場となって再生可能エネルギーを導入し、エネルギーの地産地消や地域経済の活性化を成し遂げるというのが、地方における理想的な地域再生モデルの一つであると私は考えています。

その際に重要なのは地域ならではの特性を活かすことです。例えば酪農地帯なら畜産バイオマス、森林が多いなら木質バイオマス、水資源が豊富であれば小水力など、効率の高い方法をいくつか組み合わせてエネルギーを作っていくというのがポイントとなります。

私はそうして地域に合った再生可能エネルギーの導入を手助けすべく、コンサルティングも行っています。これは利益のためというより、再生可能エネルギーの普及のためという側面が強く、たとえ自社で取り扱いのない環境商材であってもその地域に最適なら迷わず紹介しますし、持続可能性を高めるためにできる限りのアドバイスもします。

こうしたコンサルティングができる人材が日本でもっと増えてくれれば再生可能エネルギーの導入も進むと考え、企業としてはそこに大きなビジネスチャンスを見いだしています。必要な設備や工事が発生し、地元の事業者がそれを受注することでさらに地域経済が回っていきます。まずは自分の会社でコンサルタントを輩出すべく、スペシャリスト育成の取り組みを続けています。私の会社では環境事業部を改め、JALCA（Japan Asia Life Cycle Assessment Laboratory）を立ち上げました。Life Cycle Assessment のテーマに取り組み、コンサルタント業、さまざまな商材の販売等、新たな環境分野の拡大を図っていきます。

第３章

<住み続けられるまちづくり><陸の豊かさを守る>

地場産業とのシナジー効果で新製品を生みだす国内有数の林業地を活かした独自の木製防音壁

拡大を続ける環境産業

環境事業を手掛けるにあたっては、まずその概論や近年のトピック、市場規模といった土台となる知識を頭に入れておく必要があります。

2022年に環境省が発表した「環境産業の市場規模・雇用規模等の推計結果の概要について」では、環境産業について「供給する製品・サービスが、環境保護及び資源管理に、直接的または間接的に寄与し、持続可能な社会の実現に貢献する産業」と定義し、その内容を大きく4つに分類しています。

①環境汚染防止分野：大気汚染防止、下水・排水処理、土壌・水質浄化、騒音・振動防止、環境経営支援、化学物質汚染防止

②地球温暖化対策分野：クリーンエネルギー利用、省エネルギー化、自動車の低燃費化、

排出権取引
③廃棄物処理・資源有効利用分野：廃棄物処理、リサイクル、資源・機器の有効利用、長寿命化
④自然環境保全分野：緑化・水辺再生、水資源利用、持続可能な農林水産業、環境保護意識向上

こうした産業のなかで営まれる事業が環境事業です。国内の環境産業の市場規模の推計値は２０２０年時点で１０４兆４３６０億円であり、２０００年が約58兆円だったので、20年で2倍弱にまで成長してきました。全産業に占める環境産業の市場規模の割合も２０００年の6・1％から10・7％まで増加、国内の環境産業における雇用規模も全体で約２５２・1万人と1・5倍ほどに増え、環境産業が日本経済に与える影響は大きくなっています。

今後の予測としては、２０５０年にかけて市場規模は拡大を続けて約１２４・４兆円まで成長するとみられています。なお、この推計を算出した環境省は、これらの数字は既存

産業の変化のみを対象としており、新たな産業の創出は考慮されておらず、今後、新産業の創出等により環境産業市場が同省の推計を上回る成長を遂げる可能性があるとしています。

特に成長が見込める、地球温暖化対策分野

環境産業４分野の２０２０年時点での市場規模を見ると、環境汚染防止分野の市場規模は約12兆円です。特徴としては２００７〜２００８年の排出量規制の導入に先駆け２００５年から「サルファー（硫黄）フリーのガソリンと軽油」が供給され始めたことにより「化学物質汚染防止」分野の市場が拡大し、現在でも市場規模は維持されています。２０２０年は「大気汚染防止」に含まれる「自動車排気ガス浄化触媒」が大きく増加しています。

地球温暖化対策分野は約33兆円という規模で前年度より14・９％減少しました。昨年ま

では増加傾向にあり、「風力発電装置」や「中水力発電」などの一部の再エネ関連事業は市場規模が拡大していますが、一方で低燃費・低排出認定車に代表される自動車の低燃費化関連市場が大きく減少しています。

廃棄物処理・資源有効利用分野は約50兆円の規模を誇ります。なかでも大きな位置を占める「建設リフォーム・リペア」は減少した一方、成長率が高い項目として「バイオ燃料」「資源回収」「産業機械リース」などが挙げられます。

自然環境保全分野の市場規模は、約８・７兆円となっています。「持続可能な森林整備・木材製造」が増加する傾向にある一方、コロナ禍の影響もあってか「エコツーリズム」は大きく減少しています。

４分野の今後についてですが、全体における２０５０年の構成比率は「地球温暖化対策」が42・9％と最も多く、「廃棄物処理・資源有効利用」がそのあとに続く一方、「環境汚染防止」分野は０・７％減少と推計されています。より詳細に見ると、環境汚染の解消に伴い市場が縮小するであろう環境汚染防止分野は２０２５年頃まで減少し、そこから２０５０年にかけて市場はほぼ横ばいか、あるいは微減傾向を続けると考えられています。市場規模は

２０５０年には約9・9兆円となると推計されています。

今後、地球温暖化対策分野は増加を続け、２０５０年には市場規模が約53・5兆円に成長すると推計されています。その構成比率は「自動車の低燃費化」が42・3％と最も多く、「省エネルギー建築」がそのあとに続くと見られます。

廃棄物処理・資源有効利用分野の２０５０年の市場規模は約52・3兆円となり、微増傾向です。構成比率としては、「リフォーム、リペア」が34・8％と最も多く、「リース、レンタル」がそれに続くと予想されています。

自然環境保全分野の市場規模はほぼ変わらず、２０５０年で約8・8兆円と推計されます。その構成比率は「持続可能な農林水産業」が63・8％と最多になると見られています。

全体としてみれば環境産業はかなり有望な事業分野であるといえますが、環境汚染防止分野のように市場が縮小していくであろう領域もありますから、市場動向を常に観察し、将来性を推し量りながら参入分野を絞り込んでいくのが大切です。

これからの中小企業が重視すべき環境経営

近年は環境経営という言葉がよく聞かれるようになってきました。環境保全の発想を取り入れた経営を指し、生産、製造、流通まであらゆる事業活動において資源やエネルギーの消費を抑制し、環境に配慮するというような意味です。

企業が環境経営を行う意義としては企業価値の向上が挙げられます。すでに環境経営の度合いを評価する基準や表彰制度がいくつもあり、そうした評価を受けることがパブリックイメージの向上やリクルーティング、ファンの獲得などにつながります。

環境省は、環境経営に関して特に重視すべき要素を次のように挙げています。

○経営者の主導的関与

経営者がまず、環境経営を実行することを社会に対してコミットすることが必要とされます。

○環境への戦略的対応

重要な事業機会やリスク、変化等に対しては、戦略的に対応することが必要とされます。

○組織体制とガバナンス

環境経営を適切に遂行するための組織体制を整え、その際に組織体制が効率的に機能する基礎となるガバナンスも構築していくことが必要とされます。

○ステークホルダー（利害関係者）への対応

自社を取り巻くステークホルダーの期待や要望をよく理解しておき、経営活動のなかで還元していくことが必要とされます。具体的な方法として、顧客相談、従業員満足調査、対話等が挙げられます。

○バリューチェーン志向

原料の調達から廃棄までの製品ライフサイクル全体で発生している環境負荷を洗いだしたうえで重要な課題を特定し、これらについて対話していくことが必要とされます。
○持続可能な資源・エネルギーの利用
資源効率を向上させる等、資源やエネルギーの消費においても持続可能に配慮した利用が必要とされます。

これらの要素は環境事業の推進においても求められるものです。なぜなら、環境事業に積極的に取り組んでいる会社が環境に配慮した経営を行っていないとなると矛盾が生じ、顧客や社員、そして社会からの信頼が得られないからです。

政府が推進する、中小企業が取り組むべき「エコアクション21」

環境経営を支援し企業価値を向上させる取り組みに力を入れてきた環境省では、環境と経済の好循環を実現すべく、1996年に幅広い事業者をターゲットとした「環境活動評価プログラム」を策定しています。そして2004年には、このプログラムを発展させ環境経営を後押しするための認証制度として「エコアクション21」を打ちだしました。

これは企業の環境に対する取り組みを効率的に実施すべく、国際標準化機構のISO14001規格を参考に、中小企業にとっても取り組みやすい環境経営システムのあり方の構築を規定しています。また確実に把握すべき環境負荷の項目として二酸化炭素排出量、廃棄物排出量および水使用量を規定し、省エネルギー、廃棄物の削減・リサイクル、節水といった必ず取り組むべき要件も書かれています。なお、エコアクション21のガイドラインでは、環境経営システム、環境への取り組み、環境コミュニケーションの3要素が一つに統合され、ガイドラインに沿った取り組みを行えば自然に環境に配慮した経営にシフトしていけるとされています。

エコアクション21に取り組むメリットとしては、まずエコアクション21の認証を受けることで社会的信頼が得られ、CSRの一環になります。また、世界では数多くの大手企業が、環境への取り組みや環境経営システムの構築を取引条件の一つとしていますが、この認証があればその条件をクリアできます。そのほかに、自治体の補助制度や入札参加時における加点、金融機関による低利融資制度などの対象ともなります。

エコアクション21に取り組む場合、まずは経営者に組織全体で認証を目指すというリーダーシップが求められます。そのうえで社内における実施体制を固め、ガイドラインに沿って環境への負荷の自己チェックなどを進めていき、現状と課題を明らかにします。その結果を踏まえて「環境経営システム」の要求事項に基づき環境経営システムを構築していきます。

なお構築においては、計画の策定（Ｐｌａｎ）、計画の実施（Ｄｏ）、取組状況の確認および評価（Ｃｈｅｃｋ）、そして全体の評価と見直し（Ａｃｔ）のＰＤＣＡサイクルを基本とし、この結果を環境経営レポートとして公表し、以後はこのサイクルを繰り返すことにより継続的に改善を図っていきます。

政府としては、大企業だけではなく中小企業に対してもこうした取り組みを進めていきたいと考えています。例えば２０１６年5月に閣議決定された地球温暖化対策計画において「中堅・中小企業向けエコアクション21などＰＤＣＡサイクルを備えた環境経営のためのマネジメントシステムの普及を進め、環境経営の実効性を高めていくとともに、企業における従業員の教育を促すことで、事業活動における更なる環境配慮の促進を図る」などと盛り込まれています。今後もこうした方針は変わらず継続していくと考えられ、社会もまた環境経営を行う企業に重きを置く時代に入っていくはずです。

建設業界においては、特にこうした考え方が重要になってきます。建物を作り、改修し、解体するといったライフサイクル全体において、資源エネルギーの消費や温室効果ガス、建設廃棄物の排出といった環境負荷が発生するからです。廃棄物については産業廃棄物のうち5分の1が建設工事に伴うものであるとされます。建設業者が本気で環境を配慮した経営に取り組めば、そのインパクトは非常に大きくなるということです。

そうしたマクロの視点だけではなく自社の経営というミクロな視点でとらえた場合にも、今後の社会で生き残るための一つの戦略として環境経営を取り入れ、企業価値の向上を目指す必要があるはずです。

地の利を活かし、本業の知見を応用する

ローカルＳＤＧｓ戦略を練るにあたり、私が前提としてきた条件が２つありますが、これらはいずれも多くの事業で共有できるものです。

条件１「地の利を活かす」

その地域ならではの特性を事業の強みに変え、地方の中小企業だからこそできることを探すのが、成功への近道です。例えば畜産バイオマスをやるなら、都会に設備を構えていちいちそこに糞尿を運ぶよりも、牧場に設備が隣接していたほうが当然ながら効率的です。風力や地熱といった再生可能エネルギーについては、安定してエネルギーを得られる立地かどうかが重要になってきます。ちなみに私が事業を行っている岐阜県は、土地の82％が森林ですから、それを活かせる事業というのが第一前提となります。

まず考える必要があるのは、地域にどのような資源が眠っているかです。ここで「眠っている」と表現したのは、例えばそれまでごみとして処分されていた廃材や糞尿から再生可能エネルギーが生みだせるというような、地域住民が資源として認識できていないものがあるからです。

条件2「本業の知見を応用する」

本業の知見とうまくリンクする領域を探すというのも環境事業に取り組む際のポイントといえます。いきなりゼロからすべてを始めるより、本業の設備や技術を転用できたほうがコストが少なくて済みますし、今までに蓄積したノウハウを応用できるほうが質を高めやすいはずです。地方の建設業者なら特に、さまざまな工事に関してＳＤＧｓとのつながりが出てくる部分がきっとあるはずです。

例えば私の会社では、もともと高速道路に関する工事をやってきており、そのなかで防音壁の設置も手掛けていました。防音壁とは、騒音を発生する施設の周辺に建てて音を抑える壁のことで、その工事で得た知見が独自に開発した木製防音壁へとつながっていきました。

これはあくまで一例ですが、具体的なＳＤＧｓの項目に照らし合わせるなら、例えばゴール７「エネルギーをみんなに そしてクリーンに」については、本業ですでにエネルギー関連事業を展開しているならかなり有利となります。また、ゴール12「つくる責任 つかう責任」のターゲットの一つである「リユースやリサイクルなどを通じて、廃棄物の発生および量を減らす」について、建設現場で取り入れられるような仕組みや資材のリサイクルができる機械の開発など、現場を知り尽くしている立場だからこそできる新事業があるはずです。

間伐材を用いて作った防音壁

私の会社が開発した木製防音壁については、本業とリンクした環境事業への取り組みのモデルとして、ほかの事業へも共有できることが多くあります。

木製防音壁の最大の特徴は、間伐された木材を使ってパネル状の防音壁に仕上げているという点にあります。よく高速道路で見かける防音壁のほとんどはコンクリートや金属製であり、ドライバーの気を散らさないよう、デザイン性が極力排除されています。それは時として殺風景に見えるものです。しかし天然の木材から作られた防音壁は、金属製の壁にはない見た目の温かみがあり、自然のなかにあっても違和感が少なく景色に調和します。金属のような光の反射による眩しさがなく、熱伝導による生態系や温暖化への影響が小さいという利点もあります。何より、間伐材の活用はＳＤＧｓの目標である人類と地球環境の共存に貢献するものです。

防音壁としての性能が、金属やコンクリートに大きく劣るということもありません。木材の防腐処理などによって約15年の耐久年数を実現していますし、強度についても、風の負荷に対する安全性のテストを行った結果、45ｍの風速に耐えることができると分かっています。肝心の防音性能については、旧日本道路公団（現ＮＥＸＣＯ）が高速道路用に定める防音壁の基準である音響透過損失は、周波数４００Hzに対して音量25dB以上、周波数１０００Hzに対して音量30dB以上という値をクリアしています。また、コンビニエンスストアの駐車場における実測値データ（防音壁設置前・設置後のデシベル比較）によってもその効果が実証されています。高速道路だけではなく、住宅や公共施設、店舗などの騒音対策にも活用できるのです。

実際に、民間での採用事例もここ10年でどんどん増えてきています。首都圏の住宅や店舗ではエアコンの室外機の周囲を覆うという使い方が多いです。幼稚園や保育園も主な導入先の一つであり、そのほかにドライブスルーなどでも採用されています。

ややユニークなところだと、愛知県常滑市にある道路沿いに設置した事例があります。周辺が当時絶滅が危惧されていたオオタカという鳥の営巣地になっていたため、それを保護するのが目的でした。もともと設置されていた金属の防音壁から、光の反射などがなくオオタカへの影響が少ない木製に作り替えたという経緯です。

ドイツのアウトバーンで見つけたチャンス

私が木製の防音壁を開発しようと思い立ったのは1990年代の後半だったと記憶しています。ドイツ・ミュンヘンで行われた世界最大級の環境技術の見本市である展示会「IFAT」へと参加した後、郊外のアウトバーン（高速道路）を車で走行しているとき、私はその風景に何か違和感をもちました。

車を飛ばしながら周囲に目を走らせていると、道路の周囲を囲む壁に時々、不思議な模様が入っています。スピードをゆるめてよくよく見れば、それはただの模様などではなく何かの構造物のようでした。私はどうにもその存在が気になり、アウトバーンの路肩に車を停めて法面をよじ登り、その構造物を確認しに行きました。

近くで観察し、触ってみたことで、木を組んで作った壁であると分かりました。そして高速道路の防音壁の設置工事を手掛けてきた経験から、私はそれが木製の防音壁であると理解できたのです。

木でこんなことができるのか――。私は感動し、大いに興味をもちました。

その後ドイツを巡るなかで、鉄道の線路の両脇やサッカー場の周り、一般住宅などいろいろなところに木製の防音壁が配置されていることに気づき、私は環境商材としての可能性を感じました。そこでIFATで知り合った環境商材を扱う会社と連絡を取り、製造元をいくつか紹介してもらうことになりました。

海外で取引先を開拓するにあたり私が必ず心掛けているのが、担当者と直接会い、製造現場をこの目で見ることです。言葉や商習慣が違い、コミュニケーションが難しいからこそ、直接顔を合わせて話し、自らの目で情報を集めるのが大切です。

最初に訪れたメーカーは、生産体制の質が高くないであろうことがすぐ分かりました。資材置き場や工場の整理整頓ができていなかったからです。環境が乱れているところではいいものができないというのは万国共通です。

そのあとも４社ほどを回り最終的に私が選んだのが、最も実績が多かったハインリッヒファーレンカンプという会社でした。創業４００年という老舗で、もとは風車を作っていたことから環境事業への造詣が深かったのと、どんな大きさのものでも作れる自動設備があったのが決め手となりました。

現場ですぐに日本で販売するためのライセンス契約の草案を固めました。木材をはじめ主だった材料をドイツから仕入れて日本で組み立てて販売するという形を取ることになり、サンプルとして廃材を目いっぱいトランクに詰めこんで、私は帰国の途についたのでした。

NPO法人を立ち上げ、周囲を巻き込む

そこから1年間は準備に費やしました。土嚢を上に置いて防音壁をしならせ強度を確認する実験や、どのような音を吸収するのかのデータ集めなど、国土交通省から防音壁として認可を受けるための試験に備える必要があったのです。

また、防音壁の性能の研究を東京農工大学で木質の研究をしている大学教授に依頼しま

した。大学に直に訪ねて協力を依頼した際、こういうものが日本でも広まるといいねと温かい言葉をもらったのは今でも覚えています。

環境事業においては学術的な裏付けを取るというのがとても大切です。特に日本ではおよそ見たこともないような商材を扱う場合には、科学的なデータの積み上げでしか信頼を得られないからです。

そうして産学連携で研究を実施するのと併せて私が進めていたのが「間伐材普及協会」というＮＰＯの設立でした。実は当初から防音壁の材料として間伐材に目星をつけていました。間伐材は岐阜の森中に転がっていましたし、それを集めて使うことで荒れた山の管理もできるなどの社会貢献にもつながります。

この取り組みを進めていくうえでは、一業者よりもＮＰＯのほうが社会に対する影響力を出しやすいと考えました。もちろんあまりにも無名の団体では信頼されないので、防音壁を手掛ける上場会社に声を掛け、その社長たちに賛助会員となってもらいました。また、会員数をそれなりに確保する必要もあったので、森林所有者が出資して設立した協同組合である森林組合協会に声を掛け、参加者を募りました。結果として、静岡、長野、三重のました。

建設系の会社や、各地区の森林組合が会員となってくれ、15社で間伐材普及協会を発足しました。

特に中小企業は大企業に比べて資金面などさまざまな点で劣るため、本気で何かを普及させたいと考えるなら、協力者を募り巻き込む必要があります。その意味で、NPOの立ち上げはローカルSDGsにおいても一つの戦略となるものです。このように体制を整え、満を持して木製防音壁を世に送りだしました。

初めは県産材活用の補助金の対象事業であることを活かし、制度を使って設置してみないかと営業をかけていきました。環境事業はこうした補助金が多いというのもメリットとして挙げられます。

導入第一号となったのは大手コンビニエンスストアの外構でした。夜間に響く車のエンジン音をなんとかしたいという要望にフィットしたのです。当時、価格は300万円くらいに設定しており、施工料のみで手間賃が出ないために正直赤字でしたが、まずは実績をつくるのが先決と考えました。

その後も地域のコンビニエンスストアに営業をかけ、いくつか契約を結びましたが、導入してほどなくするとクレームが入るようになりました。木材が膨張して浮き上がり、はがれかけるといった事態がよく起きたのです。日本のように高温多湿で、しかも各地で気候が異なる国ではこのような木材の変形が起こりやすく、実はドイツのメーカーからも事前に、気候が安定しており、湿度も高くない東北地方より北でないと設置には向かない可能性があると言われていました。しかしメーカーからは、中東からロシアまで施工実績が広範囲にあるとも聞いていましたから、日本でも使えるはずと信じていました。

私はすぐにメーカーからの助言を得ながら設計を見直し、うまく隙間をもたせるなどして木材の膨張をある程度見込んだ改良を行って、トラブルに対応することができたのです。

地産地消の実現を前に、横たわる壁

こうしていくつかの注文は取ったのですが、ビジネスとしてはなかなか芽が出ませんでした。その理由の一つが価格です。

いくら間伐材を使うといっても、国産材で作る防音壁の値段は従来のアルミニウム製防音壁の価格と比べ1・8倍ほどしていました。今のようなSDGsへの関心はもちろん、環境を守ることの価値が社会にほとんど根づいていないなか、あえて導入しようという顧客の数は多くありませんでした。ライセンス契約を結んでいるドイツのメーカーから、なぜ売れないのか問い詰められ、手を抜いているのではないかとよく怒られたものです。

そんな厳しい状況を大きく変えたのが、2010年に開催された「第7回エコプロダクツ大賞（現：エコプロ）」での農林水産大臣賞の受賞です。これで一気に認知度が上がり、問い合わせが急増しました。その追い風を逃す手はありません。私は事業全体を見直し、より生産性を高めるために投資を行うことを決めました。それまで外部に委託していた防音壁の組み立てを内製化する方針に舵を切ることにしたのです。

実は、そのための人員についてちょうどあてがあったため、いいタイミングでもありました。賞を取ってからほどなくして外注していた委託先が倒産してしまい、その会社の社長から、社員たちの面倒を見てくれないかと頼まれていたのです。それで実際に一部の方を正社員として引き受け、使っていなかった工場を木工工場へと変え、木製防音壁の組み立てを自社で行えるようにしていきました。

また、生産体制を整えるためにドイツのメーカーから人を呼び、技術指導を行ってもらいました。この技術指導は非常に役立ち、これまでは破棄していたような端材もうまく活用できるようになるなど、結果として生産性が大きく向上したのです。これでようやく事業として利益が上がる体制になりました。

そこから工場はフル稼働状態で、木製防音壁は会社の収益の柱の一つになりつつあります。ただ、全国から注文が入るなかで、私には一つだけ心残りがあります。

本来の構想としては、その地域で出た間伐材や廃材をリサイクルして防音壁へと生まれ変わらせるというものでしたが、それを作れる工場（人材）が自社以外になく、結局は岐阜で加工して運賃をかけて現場まで運ぶという流れとなり、地産地消を実現できていないのです。これは一朝一夕でできるものではなく、まずは製品の知名度をより高めて賛同者を増やしていかねばなりません。

現在、コロナ禍の影響によって木材の値段が高騰するウッドショックが世界規模で起きています。都市や港のロックダウン、外出規制などによって経済が停滞し、木材のグローバルサプライチェーンが滞っています。さらに木材の伐採に携わっていた労働者たちも移動を制限されたり、ロシアによるウクライナ侵攻の影響でロシア産の供給量が減ったりと、複数の要因から木材の値段が跳ね上がりました。地方の工務店などは、今この瞬間も非常に苦労していると思います。

ただ、暗い面ばかりではありません。外国産の木材を国産材へと切り替えるべく、政府は国産材流通の推進に対し約40億円規模の支出を決めています。建築では使えないような廃材も活用できるという点に着目して、木製防音壁の製造販売をしてくれる仲間がもし増えたら、きっと国産材流通を後押しできるはずです。

日本全土に放置された人工林

こうして私は木製防音壁の普及を目指し、少しでも多く販売しようと日々奔走していますが、これは自社の利益だけを追求しているわけではありません。自社の利益と、社会貢献を両輪として進むのがローカルＳＤＧｓ戦略であり、どちらかが欠けては成り立たないものです。自社製品の販売を伸ばして世に広めていくことで、どのような社会貢献につなげられるかというのがローカルＳＤＧｓの真骨頂です。

　木製防音壁について考えると、まずは日本の林業が置かれている現状と課題を知る必要があります。

　日本は国土の約3分の2が森林で覆われた森の国です。ただ、そのうちの4割ほどは人の手によって植えられた人工林であり、そのほとんどは戦後に植林されました。戦後の復興のために建築資材や燃料が大量に必要となり、戦時中の乱伐などですでに傷んでいたこともあってすぐに木材が不足し価格が高騰したのです。そこで政府は主に広葉樹からなる天然林を伐採し、その跡地を針葉樹中心の人工林に置き換えていくという拡大造林政策を進めました。スギやヒノキなどの針葉樹林は比較的成長が速く、建設資材などに利用できて経済的にも価値が高いというのがその理由でした。

　とはいえ木はそうすぐには育ちませんから、高度経済成長期に差し掛かっても木材不足は解消されず、むしろ増え続ける住宅需要からさらにその値が上がっていました。それをなんとかしようと、政府が1964年に木材の完全輸入自由化を成立させたことが一つの転機となります。

値段が安い輸入材の登場は、木材の価格の高騰に歯止めをかけたのにとどまらず、価格を大幅に押し下げました。加えて鉄やコンクリートなど木に替わる建築資材の普及なども影響し、国産材の需要もまた徐々に減っていきました。

海外との価格競争にさらされた国内産業の多くは、安売り合戦に巻き込まれて衰退していくもので、林業もまた同じ運命をたどります。赤字になる事業者が続出し、業界から人も離れ、後継者もなかなか現れなくなって日本の林業は衰退していきました。

それに伴い、木材の自給率もどんどん下がり、2002年には18％まで落ち込みました（林野庁「木材供給量及び木材自給率の推移」）。国土の3分の2が森林でありながら、使用する木材の8割以上を外国からの輸入に頼るといういびつな状況となったのです。なお、現在の自給率は4割程度となっていますが、これは国産材の使用量が大きく盛り返したわけではなく、輸入材の量が減ったことによる相対的なシェアの増加という面が強いです。日本の林業が再び活性化したというわけではありません。

こうして林業が衰退した今、日本全国には、人による手入れがなされていない人工林が大量に放置され、それが大きな問題を引き起こしています。

森の崩壊が自然災害の引き金となる

もともと日本に広がり国土を覆っていた自然林は、当然ながら人間が何もせずとも生態系が維持されていました。しかし人間が自分たちの都合で木を選び、生産効率を重視して作った人工林は、人の手による保全活動が行われることを前提とした存在であるといえます。

人工林では、スギやヒノキの苗木を自然界ではあり得ないほど過密に植えていきます。すると10年、20年と経つうちに林のなかが込み合って木々の枝葉が重なり合うようになります。満員電車のなかで手を広げられないのと同じで、この状態だと木々はそれ以上、枝葉を広げることができず、互いの成長を阻害し合って、結局は木材としての価値が低いヒョロヒョロの木にしかなりません。また、林の地面には光が届かなくなり、本来日本の森林にあるべき生態系が失われます。

そこで必要になってくるのが間伐です。成長途中の木々のうち一部を間引き、一本一本の間隔が適度になるよう調整する作業で、定期的に行うことで人工林の環境を保ちます。間伐によって、残された木々が枝葉を広げるスペースが生まれて健全に成長できるようになります。また、光が地面まで差し込むようになってほかの植物にも届き、本来の生態系に近い形を保つことができます。人工林にはいわば必須の作業ですが、林業の衰退でこの間伐が行われずに放置された森が増えていることが自然災害のリスクを増加させています。

間伐が行われていない人工林はヒョロヒョロにしか育たず、その根を地中深くまで伸ばせません。しかも日光は地面に届かず、ほかの多くの植物もまたそこで育つことができないので土壌がむき出しになりやすいのです。

この状態だと、強い風が吹けば倒木が発生して、大雨が降れば地表ごと木々が押し流されて土砂災害が起きるなど、いくつもの自然災害のリスクがあります。自然林であれば、どっしりと根を張る木々や周囲に生える多種多様な植物たちが、山の表面の土壌をしっかりとホールドし、スポンジのように水を蓄えることで災害の発生を予防してくれていますが、放置された人工林ではその機能が失われてしまうのです。

近年は地球温暖化の影響から、一時的な雨量が極端に多かったり、雨の範囲が極めて広範囲にわたったりする過去には類を見ないような雨が増えています。いわゆるゲリラ豪雨や、大型台風も増加傾向にあります。こうした気象の変化がさらに土砂災害のリスクを上げています。この気候変動と林業の衰退という2つの要因が重なって、災害に対してリスクの高い地域が国内に増えているのです。

これを逆からいうと、適切に間伐を行って人工林を保全できれば、それが災害予防になるということです。放置された人工林からすぐに経済的な価値のある木材を生産するのは難しいですが、間伐材なら有り余るほど採れますから、うまく活用できれば環境事業へと切り込む大きなきっかけとなります。

地域の自然災害を予防したいからと、自社で人工林の間伐を必死にやっても、すぐに限界が来るはずです。中小企業1社ができることは正直、たかが知れています。しかし間伐がビジネスになる仕組みをつくれば話は大きく変わってきます。

　利益が上がるほど持続可能性は高まり、そして自社の事業が順調なほど地域の自然災害の予防に大きく貢献できるようになります。また、事業によって地域に雇用が生まれ、経済も回りだします。住民にとっても、地域社会を守り、かつ生活を支えてくれる地元企業の存在は心強いものですから、ファンはどんどん増えていき、自然に人材も集まるようになります。

　このようにして生まれる正のサイクルこそ環境事業の最大の魅力であり、ローカルＳＤＧｓ戦略の目指すゴールであるといえます。

第4章

<クリーンエネルギー><つかう責任・気候変動対策>

衰退する林業・畜産業を救う「熱供給システム」の開発 地元の資源を活用したバイオマス事業

世界で進む再生可能エネルギーの開発

数あるSDGsのゴールのなかでも現在世界の多くの国々が取り組んでいるものの一つが、ゴール7「エネルギーをみんなに そしてクリーンに」です。このゴールは、次の5つのターゲットにより構成されています。

①2030年までに、安価かつ信頼できる現代的エネルギーサービスへの普遍的アクセスを確保する。
②2030年までに、世界のエネルギーミックスにおける再生可能エネルギーの割合を大幅に拡大させる。
③2030年までに、世界全体のエネルギー効率の改善率を倍増させる。
④2030年までに、再生可能エネルギー、エネルギー効率及び先進的かつ環境負荷の

低い化石燃料技術などのクリーンエネルギーの研究及び技術へのアクセスを促進するための国際協力を強化し、エネルギー関連インフラとクリーンエネルギー技術への投資を促進する。

⑤２０３０年までに、各々の支援プログラムに沿って開発途上国、特に後発開発途上国及び小島嶼開発途上国、内陸開発途上国のすべての人々に現代的で持続可能なエネルギーサービスを供給できるよう、インフラ拡大と技術向上を行う。

これらが示すのは、すなわち化石燃料に替わる新たなエネルギーの研究開発です。そしてその主役ともいえるのが太陽光や風力、水力、地熱、バイオガスといった自然の資源から生みだされ繰り返し使える再生可能エネルギーであり、さまざまな資源を活用してエネルギーを取りだし電力に変える試みが行われています。それらのなかでも、私は特にバイオマスに注目してきました。

バイオマスとは、化石燃料を除いた動植物などから得られる生物資源の総称であり、バイオ（ｂｉｏ：生物）とマス（ｍａｓｓ：量）という単語を組み合わせた造語です。そしてバイオマスを直接燃焼したり、あるいはガス化したりして発電を行う手法をバイオマス発電といいます。温室効果ガスの一つである二酸化炭素の排出量削減が地球規模の課題となった現在、クリーンな発電法として注目されています。

生物資源を燃焼させれば二酸化炭素は発生しますが、これはもともと植物などが成長する過程で大気中から吸収したものが再び空気中に還元されただけで、トータルとしてはプラスマイナスゼロ（カーボンニュートラル）であるとみなされています。化石燃料ももとは古代の動植物ですが、数億年という太古の昔に吸収された二酸化炭素を現代の大気に放出することで二酸化炭素濃度が上がってしまうため、同じ燃焼で二酸化炭素が発生するといっても意味が大きく違うのです。また、使用する生物資源についても、基本的には糞尿や廃材などの廃棄物を再利用してエネルギーを得るため、環境への負荷を増やす恐れも低くなっており、総じてクリーンエネルギーとされています。

こうしたバイオマスの利用は、欧米ではすでに１９９０年代後半から導入が始まっています。日本では２００２年の「経済財政運営と構造改革に関する基本方針」という閣議決定のなかで、農林水産省、環境省および関係府省が協力して、バイオマスの利用促進を進めると盛り込まれました。その後２００９年にはバイオマス活用推進基本法が制定され、２０１２年の固定価格買取制度の後押しを受けるなどして、バイオマス発電の導入は少しずつ増えてきました。２０２０年9月時点で、計４４６カ所、２４４万kWのバイオマス発電所が稼働しています（国立研究開発法人国立環境研究所ＷＥＢ「環境展望台」）。

ただ、大規模な火力発電所が１基で１００万kWもの発電量をもつことを考えるなら、バイオマス発電で補われている電力量はまだまだ少ないといえ、実際に２０２１年の日本国内の全発電量（自家消費含む）に占めるバイオマス発電の割合は４・１％に過ぎません。

ちなみに全発電量のうち、化石燃料を燃やして行う火力発電の割合は70％を超え、圧倒的な割合を占めています（特定非営利活動法人環境エネルギー政策研究所「２０２１年の自然エネルギー電力の割合〈暦年・速報〉」）。パリ協定で示した「２０３０年度に温室効果ガスを２０１３年度から46％削減する」という国際社会に対する約束を守るには、この極端な化石燃料依存をどうにかしなければなりません。そしてバイオマス発電は、その受け皿の一つとなり得るポテンシャルがあると私は考えています。

バイオマス発電の３つの種類を知る

一口にバイオマス発電といっても、使用する資源や燃やし方などの違いから、さまざまな種類が存在します。

分類としては、大きく次の３つの種類があります。

①直接燃焼方式

バイオマス燃料を直接燃焼して蒸気タービンを回す方法です。主に木くずや間伐材、可燃性ごみ、精製した廃油などを燃料として使います。木くずなどは木質ペレットという小さな固形状の燃焼物に、間伐材などは粉砕し木質チップなどに加工することで、燃焼効率や輸送効率を高められます。

②熱分解ガス化方式

燃料を熱処理してガス化し、ガスタービンを使って燃焼させ発電を行います。資源としては、直接燃焼方式と同様に木くずや間伐材などを用いますが、それらを直接燃やすのではなく、加熱して発生させたガスの力でガスタービンを回します。

③生物化学的ガス化方式

生ごみや家畜の糞尿、下水汚泥などを発酵させると発生するメタンをはじめとしたバイオガスを用い、ガスタービンで燃焼させて発電します。増殖に酸素を必要としない嫌気性微生物を用いたメタン発酵や、でんぷんやセルロースなどの糖に酵母菌などの微生物が反応してアルコールを作るエタノール発酵など、いくつかの方法があります。

また、バイオマス自体については、その形態により乾式バイオマス、湿式バイオマス、その他に分類されます。

乾式バイオマスはその名のとおり水分をあまり含まないバイオマスであり、間伐材などの木質バイオマス、とうもろこしや麦わらを使う農業系バイオマスなどがあります。一方の湿式は、家畜の糞尿のバイオマス、生ごみや下水汚泥などの生活系バイオマスがその代表です。その他としては、廃食用油などが挙げられます。

バイオマス発電の要となるのは立地戦略

バイオマス発電のメリットは、本来なら廃棄されるだけの生物資源をリサイクルしてエネルギーに変換できるところにあります。廃棄物が減れば地域の環境は良くなり、しかも電力まで得られます。エネルギーの地産地消を目指すうえでは欠かせない技術の一つなのです。特に地方においては、都市部よりもバイオマスが豊富にあるはずで、その地域ならではのローカルＳＤＧｓ戦略へとつなげやすいです。

また、太陽光発電や風力発電など天候に大きく左右される発電方法に比べて、バイオマス発電は資源さえ確保できれば安定した発電量が見込めるのも強みです。しかも、日照時間が一定以上、風が年中強く吹くなどといった自然環境面での条件も特に必要ありません。バイオマスが生まれる施設にフレキシブルに併設できます。バイオマス発電を行う際、多くの場合には熱が発生しますが、それもうまく活用することでより高いエネルギー効率の実現も可能です。

一方で、まだまだ課題も存在します。システムの面でいうと、小規模なバイオマス発電をそれ単体で事業とするには各燃料に応じて、より効率的なエネルギー変換技術の開発が待たれます。現状だと、バイオマス発電を事業として手掛けるには燃料に用いるバイオマスをできるだけ大量に、かつ効率的に集めて、それなりの規模の施設で発電を行うというビジネスに頼らざるを得ません。世界に目を向けるとそうした事例はありますが、国土の狭い日本では、まず大陸のような大規模農園を作ることが難しく、巨大バイオマス発電施設の稼働は現実的とはいえません。バイオマスはその特性上、広い地域に分散して存在するケースがほとんどであり、コストをかけずいかに収集、運搬し、そして管理していくかという点も大きな課題です。発電機の性能は次第に上がってきてはいますが、遠方からバイオマスを集めようとすれば高コストになってしまい、事業としては成立しません。

もちろん発電所の設置場所を工夫することで、ある程度のコストコントロールは可能です。例えばバイオマスとしてごみを用いるならごみ処理場のそばに施設を建てると、必要な資源がどんどん集まってきますし、木くずや間伐材なら木材事業者が多く集まる地域が向いていいます。ただ、一方で発電した電気を最終的に売電するなら、電力会社との接続が必要となり、それがコストをかけず実施できるかもポイントとなります。バイオマス発電を環境事業として手掛けるなら、立地戦略は最も重要な戦略の一つとなります。

エネルギーの地産地消を目指す、熱供給システム

バイオマス発電においては、いくつもあるバイオマスのなかからどれを選ぶか、いかにコストを抑えるか、そしてどこに施設を建てるかといった考えるべき要素が複数あります。

単純に、バイオマス生産地の横に施設を作ればいいというものではなく、何も知らないと

ころからいきなり手掛けるのはやや難しくなっています。

私の会社では、木質、畜産、農業という各バイオマスについて、ボイラ、発電機、バイオガスプラントといった設備を取り扱ってきましたが、その販売だけではなく、事前調査や利用可能な補助制度の調査、申請のサポートなど一から総合的にコンサルティングを行うサービスを展開しています。

なぜコンサルティングを行っているのかというと、設備の販売はともかく設置工事や維持管理はあくまで地域の事業者に行ってもらうほうが地域経済の活性化につながり、ＳＤＧｓの理念によりマッチするからです。

現在、私が最も力を入れており問い合わせが多いのが、木質バイオマスを用いた熱供給システムの普及です。もちろんバイオマス発電についても設備とノウハウがありますが、どうしても自社利益にとどまりがちな売電事業に比べ、熱供給システムは地域に与える利益が多く、エネルギーの地産地消につながりやすいため注力しています。

木質バイオマスエネルギーの利用を進めるには、まず事業目的と期待する効果を明確にする必要があります。特に重要なのは「林業・製材産業との両立」「経済性・事業性の検討」

「規模の適正化」「燃料の見極め」といった要素です。

これはバイオマス事業全般にいえますが、失敗する大きな理由の一つは、戦略を練ることなくバイオマスボイラ（バイオマス燃料を使用して蒸気や温水を発生させるボイラ）やバイオマス発電装置を導入してしまうことです。せっかく投資をして設備をそろえても、うまく稼働させ、維持できなければ事業はいずれ潰えます。

実際に取り組みのスタートから木質バイオマスエネルギーを導入するうえでのステップとしては2段階に分けられます。

STEP1・導入可能性調査

①林地からの木質バイオマス資源量調査

②製材産業からの端材、建築廃材他の調査

③熱需要施設の調査（製材、食品産業、農業用ハウス、温浴施設、宿泊施設、公共施設の暖房、地域暖房）

④熱需要量診断：使用している熱量の診断・計測

STEP2・設備導入支援
①地域に適したバイオマス設備計画の作成・立案
——機器選定、バイオマスボイラ規模・仕様確定、サイロ容量など算出
——化石燃料・二酸化炭素削減量予測、木質バイオマス燃料使用量の算出
——メーカー、設計事務所、設備施工業者との打ち合わせ
②燃料の安定調達に関する計画の策定および体制の構築
③利用可能な補助事業の調査、申請のサポート

導入可能性調査から必要な申請までワンストップで対応

まず行うのが導入可能性調査です。燃料として利用可能な木質バイオマス資源にはさまざまなものが考えられます。林業の施業現場からは木材としての利用価値が低い材や、枝

葉・タンコロと呼ばれる木材として利用できない部分が発生します。また、搬出費用や林業従事者の不足により間伐材が山に放置される「切り捨て間伐材」も生じます。

製材所など加工の現場からは、背板と呼ばれる原木から木材を切りだしたあとに残った外周の部分、おが粉・プレーナー屑と呼ばれる切削残渣（ざんさ）が、建設現場や道路整備からはそれぞれ建築廃材や支障木が生じます。

多様な形で地域に生じているこれら未利用木質バイオマス資源について、その量、形状、含水率その他の性質を分析し、燃料としての利用可能性を検証します。その結果に応じてチッパー、ペレタイザーなどの燃料化設備、含水率が高い場合は乾燥設備なども併せて提案していきます。

バイオマス熱利用が可能な施設としてまず挙げられるのは温泉や宿泊施設で、給湯や暖房などに活用できます。そのほかにも、製材所や食品工場、化学工場、下水処理場といった施設での熱源とするなど幅広い用途が期待できます。バイオマス熱利用の優れた点は、蒸気や温水といった高温熱源が容易に作りだせるところにあり、これは電気から熱を作るヒートポンプや太陽熱では達成できない特性です。

導入依頼先の施設に対しては、次のような検証を行います。

・熱利用の用途：暖房、給湯、食品の加熱、化学反応熱源、乾燥
・形態：温水、蒸気、温風
・使用する温度帯域
・施設内の設備レイアウト
・既存熱源設備の構成：配管・制御フロー、熱源機器の種類（温水ヒータ、蒸気ボイラ、ヒートポンプ他）

木質バイオマスで熱利用を行うにはこうした導入先施設の調査と適切な設備設計が必要ですが、最も重要なのは熱需要量を明らかにすることです。バイオマスボイラは、暖房や給湯に一般的に使用される化石燃料式の給湯器や暖房機器と特性が異なるため、年間での熱利用状況と1日のなかでの熱利用の変化を調べるのが肝心です。

私の会社では、年間の燃料使用量・設備稼働時間／日数から年間での熱利用状況を分析

する「熱需要量基礎診断」と、仮設式の計測機器を設置し1日のうちに消費された熱量を測定する「熱需要計測サービス」によって、変化を分析するサービスを展開しています。

導入可能性調査により施設の状態や熱需要量が明らかとなったら、それに基づいて地域に適したバイオマス設備計画の提案に入ります。この段階で、導入するバイオマスボイラなどの施設の規模が明らかとなり、使用する木質バイオマス燃料の量や削減できる化石燃料・二酸化炭素削減効果も明確になります。ちなみにバイオマス発電でも熱利用でも、発電機やボイラが1台あれば済むわけではありません。燃料を保管するサイロ、それを機械へと送る搬送装置、熱を溜めておくための蓄熱タンク、制御装置など、さまざまな設備が必要です。各機器の特性を知り尽くしていないと最適な設備をそろえるのが難しいため、腕の見せどころといった工程です。

設備計画に加え重要なのが、燃料の安定調達のための計画です。必要となる燃料を長期的に安定確保するというのがバイオマス事業の必須要件であるとともに、中長期で整備していけるような体制づくりもまた求められます。

そのほかに、利用可能な補助事業を調査して提案します。バイオマス設備は日本では新しい技術のため欧州等の輸入製品が多く、国産の機器も生産台数が少ないためまだまだ高額であり、中小企業がすべて自己資金で設置することは簡単とはいえません。しかし、国としても再生可能エネルギーの普及のために補助金等を用意して支援する体制を取っていますから、これらを利用できれば実現の可能性がぐっと高まります。例えば環境省の「地域レジリエンス・脱炭素化を同時実現する避難施設等への自立・分散型エネルギー設備等導入推進事業」や、林野庁の「林業・木材産業成長産業化促進対策交付金」といった制度が活用できる場合があります。

農業系バイオマスからエネルギーと天然肥料を作りだす

こうした木質バイオマスエネルギー関連に加えて、もう一つ私の会社で事業化しているのが、糞尿や米のもみ殻などの農業系バイオマスからエネルギーと肥料を作る取り組みです。かつて日本の農業においては、糞尿や干鰯(ほしか)といったバイオマスを有効利用していましたが、化学肥料の普及以来、バイオマスを活用する機会は激減しました。リサイクルされなくなった糞尿などは放置された結果、悪臭や廃棄物の不法投棄といった課題が多くみられます。

このような現状は、農業系バイオマスからエネルギーと天然肥料を作りだすことで解消するのです。例えば米農家なら必ず大量に発生する水田のもみ殻、野菜農家で収穫したあとに不要となった野菜の茎やつる、畜産農家で毎日処理する必要がある糞尿は資源として有効活用できるものです。

なお、農業系バイオマスを手掛けるにあたっても、発電機やたい肥化装置を導入するだけではまず失敗します。地域のバイオマス量やエネルギー利用先の形態、たい肥の利用先など事前の事業計画が必要です。

私の会社では農業系バイオマスについても、木質バイオマスと同じように「導入可能性調査」「設備導入支援」といったコンサルティングを行っています。導入可能性調査では、資源としての利用可能性調査、電気・熱などエネルギー需要施設調査、肥料としての需要を調査します。主な調査内容は、地域の畜産・農業環境、排出される畜産や農業残渣の性状エネルギーや肥料の供給ラインなどです。

設備導入支援については、導入前調査によって得られた情報から現場に最適な設備や燃料の選定を行います。また、設備費、工事費、燃料費、維持管理費といったコストを算出し、導入メリットを提案します。

主な調査内容は、地域に適したバイオマス設備計画の作成・立案、燃料の安定調達に関する計画の策定および体制の構築、機器選定、補助金調査・申請のサポートなどです。

日本に初めて乾式バイオマスを持ち込む

そもそも私がバイオマス事業を手掛けるようになったのは、元をたどればトイレの研究が始まりです。富士山などに設置する山小屋のトイレにおいて、排泄物を微生物によって分解する研究を日本トイレ協会と共同で行ったのですが、そこでバイオマスと出会いました。

その後、1991年にドイツの展示会IFATに足を運んだときに畜産バイオマスを扱う会社とつながりができ、実際に稼働している様子を見せてもらいました。そこは牧場と広い庭をもつ家で、家畜の糞尿から木くずまでを全部集めて、バイオマス発電や熱供給システムに回していました。発酵の際に出るガスまで家庭で使うなど、無駄のないシステムに私は感動し、自らもチャレンジしてみたいと強く思ったのです。

当時、日本国内でも家畜の糞尿でバイオマス発電に取り組んでいるところがわずかにありましたが、そのいずれもが湿式でした。海外では乾式バイオマスが圧倒的なシェアを占めており、湿式はごくわずかです。湿式だと、硫化水素を含んだ酵素臭が発生することによる臭いの問題がついてまわるため、乾式が多く採用されてきたのです。

そこで私も乾式バイオマスで勝負することにしました。環境事業においては、移動に可能な限りコストをかけず、エネルギーを使わないというのが原則です。せっかく温室効果ガスを減らし、エネルギーをリサイクルしようとしているのに、移動でそれ以上に環境負荷をかけていては意味がないからです。したがってバイオマスの商材としても、まずは1軒の牛舎で使うような50㎏以下の小型バイオガスプラントを扱うことにしました。

このとき、売り先として地方自治体をはじめとする官庁を考えていたのですが、私にとっては思わぬ理由で軒並み断られることになってしまいました。ほぼすべての相手から言われたのが、「前例がない」「実績がない」という言葉です。

日本に初めて乾式バイオマスを持ち込んだのですから、当然ながら過去の事例などありません。ただし世界では乾式が主流であり導入の事例は星の数ほどありましたから、それを参考に評価してもらえれば、いかに優れた手法であるかが分かると考えていました。ただ、お役所の典型的な前例主義の壁は想像よりはるかに高く、取り合ってもらえませんでした。

そこで官庁は諦め、地域の農林水産課などで牧場を紹介してもらって営業をかけてみたのですが、色よい返事は得られませんでした。肥料を作れるのもエネルギーを得られるのも利点として認めてはもらえるのですが、肥料は店で安く買えるし、エネルギーもそこまで大きくないのにあえてやる理由がないという、消極的なスタンスの人が多かったのです。

本質は環境を守るという理念にあるのですが、１９９０年代の日本ではまだまだ環境への意識が育っておらず、利益がいくらになるか、どんなメリットがあるかといった視点でしか検討してもらえない難しい時期でした。

木質バイオマスに秘められた可能性

その後、２０１１年に東日本大震災という未曽有の災害が起きて以降、バイオマスエネルギーを含む再生可能エネルギーが日本で次第に注目されるようになっていきます。それまで鳴かず飛ばずだったバイオマス関連事業でしたが、私も少しでも日本の役に立つため、改めて取り組みなおす決意をして、新たな商材を探しによくドイツへと出かけていました。

そこで目を付けたのが木質バイオマスです。岐阜県では林業従事者が少なくなり、間伐材が放置されていたり、間伐自体が行われずにヒョロヒョロの木ばかりしかない人工林がたくさんあったりと、商用にならない木材が大量に存在しました。それらを活用し、被災地の避難所や、過疎地に木質バイオマス発電システムやボイラを設置できないかと考えたのです。

木質バイオマス関連のシステムについては、ドイツの中部、カッセルの近隣にある小さな町で、実際に稼働している様子を見に行きました。そこでは燃焼炉の内部で上から下に向けて炎を出すダウンドラフトという珍しいタイプの木質バイオマス発電機がありました。ダウンドラフトのほうがガスが組成しやすく、より効率的に発電できると聞いて採用することにしました。

木質バイオマスについては、木をそのまま燃焼炉に入れればいいというわけではなく、専用のペレットで粉末にしてから加工するか、あるいは細かなチップ（切削チップ）にして入れるかという二通りのやり方が存在します。木を粉末にして固めるペレットは作るのに手間がかかるというデメリットはありますが、できてしまえば安定した稼働が期待でき、機械にも優しいのです。一方の切削チップは、木をそのまま砕いてしまえばできますが、チップのサイズはある程度小さくなければならず、かつ燃焼時に出るタールなどで機械が傷みやすいというデメリットがあり、日頃のメンテナンスが重要になってきます。

また、原料の木もどんな木でもいいというわけではなく、向き不向きがあります。私は長崎総合科学大学との共同研究として、国内に生息し木質バイオマスに適した木は何かを調べるべく、スギやヒノキ、カラマツなどをひととおり切削チップにして試してみました。それで分かったのは、スギなど油が多くて柔らかな木が適しているということでした。

ただ、ペレットに適した木が日本には少ないということも明らかになりました。日本国内に規模の大きな木質バイオマス施設はいくつかあり、ペレットも使われているのですが、国産材でやっているところはほぼなく、外国産の木とヤシガラなどを混ぜてペレットにしたものを輸入しています。それでは地産地消にならず、土砂災害の予防にもつながりません。

国産の木質バイオマスの安定的な確保にあたっては、地域の森林組合がしっかり機能し、木を伐り出して運べるマンパワーが必要ですが、それが不足しているというのが木質バイオマスの普及を妨げる壁となっています。

現在、原油高もあって木質バイオマスへの注目度がぐっと高まっていると感じます。実際に私のもとへ寄せられる相談の数がここ1年で大きく増えました。もしそこで国産材の安定確保という壁を乗り越えられるような仕組みや燃焼効率が高い最新技術といった道を見いだすことができたなら、市場は一気に大きく広がるのは間違いありません。

木質バイオマス関連事業は、ローカルＳＤＧｓ戦略の主軸になり得るのです。

大企業が必死になるサプライチェーン排出量のコントロール

木質バイオマスに加え、近年問い合わせが急増している注目の分野が「廃熱の利用」です。自動車工場でも、メッキ工場でも、食品工場でも、ほとんどの工場では加工の過程で熱が出ます。また、温泉地や火山帯であれば地熱もあります。こういった熱エネルギーは実は非常に多くあるのですが、それらは特に利用されることなく、廃熱という形で処理されています。そうして捨てている熱をうまく活用し、エネルギーを得るというアイデアを私が知ったのは、やはりドイツでのことでした。

以前、バイオマス発電の稼働を見せてもらっていた際、その発電機の横によく分からない機械が置いてあるのが目につきました。それはＯＲＣといって、オーガニックランキンサイクルの略語で、廃熱を回収して発電するシステムでした。バイオマス発電をする際、ガスを燃やしたときなどに発生する熱までをエネルギーとして徹底して使い切るために、ORCが併設されていたのです。私は大いに興味をもち、さっそくドイツ北部のロストックという町まで車を飛ばしてORCを作っているメーカーを訪れ、その場で導入を決断して基本契約を結びました。

ただ、機械自体に問題はないのですが、日本のJIS規格に対応しておらず、そのままでは国内ではほとんど使えないという壁があると分かりました。そこで私は交渉を重ね、アメリカの規格であるASMEに合わせて作り直してもらうことにしました。ASMEなら日本でもある程度使えますし、世界でも比較的通用しやすいからです。作り直している間にコロナ禍に入ってしまい、プロジェクトは今、足踏み状態ですが、将来的には各関係機関と協議をして、輸入できるようになるはずです。

現在、廃熱の利用に関する相談は増えています。相談に来るいずれの企業担当者もかなり熱心に取り組んでおり、その背景には、サプライチェーン排出量という世界基準の考え方の広まりがあります。サプライチェーン排出量とは、原料調達・製造・物流・販売・廃棄といった一連の事業の流れ（サプライチェーン）において発生する温室効果ガスの排出量のことを指し、「Ｓｃｏｐｅ１（事業者自らによる直接排出）」、「Ｓｃｏｐｅ２（他社から供給された電気、熱・蒸気の使用に伴う間接排出）」、「Ｓｃｏｐｅ３（事業者の活動に関連する他社の排出）」から構成されています。

近年、世界ではこのサプライチェーン排出量をＳｃｏｐｅ３まで算定したうえで、環境負荷の削減を行うというのがトレンドとなっており、それに取り組んでいない企業とは取引を行わないという大企業が、ヨーロッパを中心にどんどん増えています。たとえどんなにいい商品を開発しても、サプライチェーン排出量の算出と削減に取り組んでいなければ、問答無用で取引を拒否される可能性があります。

日本においてもグローバルに活動する企業はこの流れを無視できず、大企業を中心になんとかサプライチェーン排出量を抑えようと必死になっているのです。そしてその有効な対策になり得るものとして、廃熱の利用という技術が注目を集めつつあるというわけです。

大企業のこうしたスタンスの変化は、中小企業も無関係ではいられません。大企業がＳｃｏｐｅ３まで含めた温室効果ガスの削減に努めるなら、サプライヤーである中小企業にも当然、努力を求められることになります。大企業がＳｃｏｐｅ３を意識して経営に取り組んでいく以上は、そこから来る発注もＳｃｏｐｅ３に基づいて行われるようになるわけです。

Ｓｃｏｐｅ３は次の15のカテゴリから構成されています。

①「購入した製品・サービス」……原材料の調達、パッケージングの外部委託、消耗品の調達

②「資本財」……生産設備の増設（複数年にわたり建設・製造されている場合には、建設・製造が終了した最終年に計上）

③「Ｓｃｏｐｅ１、２に含まれない燃料およびエネルギー活動」……調達している燃料の上流工程（採掘、精製等）、調達している電力の上流工程（発電に使用する燃料の採掘、精製等）

④「輸送、配送（上流）」……調達物流、横持物流、出荷物流（自社が荷主）

⑤「事業から出る廃棄物」……廃棄物（有価のものは除く）の自社以外での輸送、処理

⑥「出張」……従業員の出張

⑦「雇用者の通勤」……従業員の通勤
⑧「リース資産（上流）」……自社が賃借しているリース資産の稼働
⑨「輸送、配送（下流）」……出荷輸送（自社が荷主の輸送以降）、倉庫での保管、小売店での販売
⑩「販売した製品の加工」……事業者による中間製品の加工
⑪「販売した製品の使用」……使用者による製品の使用
⑫「販売した製品の廃棄」……使用者による製品の廃棄時の輸送、処理
⑬「リース資産（下流）」……自社が賃貸事業者として所有し、他者に賃貸しているリース資産の稼働
⑭「フランチャイズ」……自社が主宰するフランチャイズの加盟者のＳｃｏｐｅ１、２に該当する活動
⑮「投資」……株式投資、債券投資、プロジェクトファイナンスなどの運用

このＳｃｏｐｅ３の要素のなかにも、環境事業のチャンスがいくつも秘められていると

感じます。それは今後、世の中は必ずこれらの要素を順守する方向へと進んでいくので、いかに環境に負荷をかけずに企業活動を行うかが生き残りのカギとなるからです。

ここに早くから食い込み、自社の独自技術や新たな仕組みを考案することができれば、たとえ地方の企業であろうと大企業を相手としたビジネスができる可能性は高いです。自社で取り組める分野がないか考えてみる余地は大いにあるはずです。

第5章

＜陸の豊かさを守る＞＜住み続けられるまちづくり＞

ローカルSDGsを体現するうえで欠かせない「エネルギーの地産地消」電気の自給自足を実現するエコタウンプロジェクト

環境事業の集大成としてエコタウンを建設

私が環境事業において最終的に目指すのは、ドイツのエコタウンのようにエネルギーを地産地消して自活する町を作ることです。化石燃料はいっさい使わず、再生可能エネルギーだけで不自由なく生活できる状態が理想です。

私が注目し事業に取り込んできたさまざまな技術は、いわばその目標を叶えるためのピースとなるものであり、それらを組み合わせて総合的なエネルギー循環システムを構築したいと考えています。もちろんこれは環境事業の一環であり、ゆくゆくは自治体などに一つのパッケージとして提案していくつもりです。施工から運用管理まで一気通貫で引き受けることで事業は大きく飛躍できるはずです。

その現時点での集大成ともいえるプロジェクトが「ひるがのミニエコタウンプロジェクト」です。岐阜県郡上市北西部に位置するひるがの高原を舞台とし、これまで培ってきた知見のすべてを活かして環境商材を組み合わせ、地域密着型の小規模なエコタウンを作っています。このプロジェクトで掲げているのが「ローカルＳＤＧｓ」であり、その実現も大きなテーマの一つとなっています。

ローカルＳＤＧｓは、環境と経済・社会の統合的向上、地域資源を活用したビジネスの創出といった新たな成長を実現するための概念です。各地域がそれぞれの特性に応じて固有の資源を活かしながら、エネルギーが持続的に循環するエリアを形成することを目指します。ローカルＳＤＧｓ実現の過程で、地域の雇用の創出や、知名度の向上といった副次的なメリットが期待できますし、売電収入をはじめとした利益を地域に還元することができ、住民の生活の質を高められます。少子高齢化に拍車がかかる今後の日本では過疎地がどんどん増えていきますが、ローカルＳＤＧｓの実現と普及により、それに少しでも歯止めをかけたいという思いがあります。プロジェクトは現在進行中です。具体的には、軸となるいくつかの設備をそろえてそれらを効率的に連動させる試みを続けています。

○木質バイオマスガス化発電システム

地域にある間伐材などの廃材を用い、熱分解により発生した可燃性ガスを小型のガスエンジンで燃やすことで発電を行うシステムです。この際に出た廃熱を利用することで、より効率的になります。得られる出力は電力50kWプラス熱100kWほどです。

○小型バイオガス発電

地域の酪農家の協力を得て集めた糞尿により、畜産バイオマスによる発電を行うシステムです。

○密閉式炭化ユニット

地域にある間伐材や竹、農業残渣といったバイオマスを炭化させるシステムです。炭は土壌改良や水質浄化の際に使えたり、バーベキュー用品として販売したりと、幅広く使えます。

○バナジウム・レドックスフロー電池

劣化がなく長寿命な蓄電池システムです。安全性が非常に高く、大規模、長時間のエネルギー貯蔵が可能となっています。再生可能エネルギーと連携することで効率よく電気を活用できます。

○木製防音壁

地元産の木材を利用したぬくもり豊かな外構材です。金属製とは異なり、景観を損なわず、景観に合わせたデザインとなっています。

○太陽光発電システム

宿舎の屋根には、太陽光発電システムが乗っています。３４５Ｗの太陽光モジュールが90枚並び、出力は30kWほどです。

○ソフィール（土壌微生物膜合併処理浄化槽）
し尿や雑排水を処理するバイオトイレです。ここできれいに処理された水は、放流先への環境負荷がほとんどなく、散水やトイレの洗浄などに再利用が可能です。

化石燃料をいっさい使わないエリアを作る

このプロジェクトのきっかけとなったのは、私が人工林の土地をもっていたことでした。50年以上前に植林をしていた1200坪の土地を父が買っていて、それを見に行ってみたところ間伐が行われておらず、ヒョロヒョロのスギが並んでいる状態でした。それを見たときに、私の頭のなかにふっとエコタウンの構想が浮かんだのです。

自分の一存で町を一つ作るというのはもちろん難しいですが、環境事業の実験施設を建てて、将来的に目指すエコタウンのミニチュア版として稼働させてみたらいいのではないかと考えました。木質バイオマスは周辺に溢れていますし、幸いにも近くに牧場もあり、条件も良かったのです。

最初の段階から決めていたコンセプトは、電気もガスもすべて自給自足し、化石燃料はいっさい使わないエリアを作ることでした。暖房に使うストーブもボイラも全部、木質バイオマスで稼働させ、トイレはバイオトイレ、水は井戸水を用いるなど、そこで生活が完結できるようにしたいと考えました。また、使用するバイオマスに関してはそのすべてを15㎞以内で調達する仕組みにするつもりでした。資源の移動による環境負荷をできる限り抑えるためです。生ごみは一部をたい肥化して、道路を隔てた土地約２０００坪を購入し、農場としても活用していきます。

２０２１年にプロジェクトを始めて、まずは土地に生えている不要なスギを伐採しました。すると胴回り15㎝もないような細いスギが２００ｔも採れたのです。そこからこつこつと建物を建てていきましたが、思いのほか土地に石が多く埋まっていたのにはなかなか苦労しました。杭を打つたびに石に当たり、取り除くのに時間がかかりました。建物はエネルギー棟を除きすべて地元の木材を使って建てました。

設備については、電力を得られるものがいくつもありますが、このエコタウンはあくまで実験用であり、事業として売電収入を得られるような規模ではありません。将来的にこのパッケージを広めていくにあたっては、もう少し大きな設備にしてより多くのエネルギーを処理し、売電へとつなげる必要があります。

ひるがの高原周辺は、冬になると氷点下20度ほどまで気温が下がる過酷な環境です。ここですべての設備が安定して稼働したなら、日本のほとんどの都市でも同じことができるはずで、そうした実証実験も兼ねて設備を動かしています。

エコタウンに必要不可欠な蓄電池

数ある施設や設備のなかで私が最も力を入れているのが蓄電池です。実は蓄電池というのは、再生可能エネルギーとセットで考えるべき最重要項目なのです。せっかくクリーンに電気を作っても、それを溜めておける蓄電池がなければ意味がないからです。

これは今後の再生可能エネルギーに関わる事業全般に当てはまることであり、ローカル

ＳＤＧｓの実現を目指すうえでも、大容量で安全性の高い蓄電池の存在が一つのカギとなるのは間違いありません。

家庭でリモコンや電化製品に入れて使う乾電池は放電が終われば使えなくなるのに対し、蓄電池は放電し終わっても再び充電して使えます。私たちが日常的に使っている蓄電池としては、スマートフォンやノートパソコン用のリチウムイオン電池や自動車用の鉛蓄電池などが挙げられます。最近では太陽光発電システムと連携して電気を溜める家庭用蓄電池や電気自動車用蓄電池も徐々に普及し、ＳＤＧｓへの貢献が期待されています。

蓄電池にはいくつかの種類がありますが、充放電の仕組みは基本的に共通しています。プラス極（正極）とマイナス極（負極）に配された金属と、間を満たす電解液が化学反応することで充電と放電を繰り返します。この電極に使う金属や電解液の種類によって充放電効率や容量、寿命に差が出てきます。

現在、世に出回っている代表的な蓄電池は主に5種類が存在します。

①鉛蓄電池

１８５９年にフランスで開発された歴史ある蓄電池です。長年にわたって改良され、性能や品質が高められて現在に至っています。プラス極に二酸化鉛、マイナス極に鉛、電解液に希硫酸が用いられ、化学反応により電解液中に発生した硫酸イオンが移動することで充放電します。自動車のエンジン始動やライト点灯などの車載システムの電源や、電動フォークリフト、ゴルフカートの主電源など、広く利用されています。

②ニッケル水素電池

デジタルカメラやノートパソコン、ハイブリッドカーの電源などでよく使われている電池です。プラス極にオキシ水酸化ニッケル、マイナス極に水素吸蔵合金、電解液に水酸化カリウムのアルカリ水溶液を用います。以前の同タイプの蓄電池は、ニッケルとカドミウムを電極に使用していましたが、カドミウムは毒性があることからニッケル水素電池に置き換わり今の姿となりました。

③リチウムイオン電池

ノートパソコンやスマートフォンなどのモバイル機器で、主流となっている電池です。近年は大容量化が進み、電気自動車用や産業用蓄電池などに活躍の場が広がっています。代表的な材料としては、プラス極にリチウムを含む遷移金属酸化物など、マイナス極には炭素材料、電解液にリチウム電解質塩を溶かした有機溶媒が用いられ、リチウムイオンの移動により充放電を繰り返す仕組みです。

④NAS電池

日本のメーカーが世界で初めて実用化したメガワット級の電力貯蔵システムです。大容量、高エネルギー密度、長寿命を特長とし、鉛蓄電池の約3分の1のコンパクトサイズで、長期にわたって安定した電力供給を可能とします。プラス極に硫黄、マイナス極にナトリウム、両電極を隔てる電解質にファインセラミックスが用いられ、硫黄とナトリウムの化学反応で充放電を繰り返します。電力会社向けの太陽光発電や風力発電の大規模電力貯蔵施設、企業の非常用電源などとして導入されています。

⑤バナジウム・レドックスフロー電池

　バナジウムベースの電解液を循環させて電子を移動させ、電解液の酸化還元反応を利用して充放電する電池です。電極や電解液の劣化がほとんどなく長寿命であり、発火性の材料を用いていないことや常温運転が可能なことから安全性が高いといった特性をもっています。再生可能エネルギーの導入を拡大していくうえでのコア技術の一つとして期待されています。

　これら蓄電池の最大の特徴は、充電すれば繰り返し使えるということですが、実は無限に充放電が行えるわけではありません。繰り返すほどに徐々に充電性能が劣化していきます。例えばスマートフォンを長く使っていると電池の減りが早くなっていくのはその典型的な例です。

　充電してから放電し終わるまでを一つのサイクルとして、何回行えば寿命が来るかは蓄電池の種類や性能によってさまざまですが、目安として鉛蓄電池が3000回、ニッケル水素電池が2000回、リチウムイオン電池が1万回、NAS電池は4500回、そしてバナジウム・レドックスフロー電池は1万回以上とされています。

次世代の蓄電池、バナジウム・レドックスフロー

さまざまな蓄電池があるなかで、私が開発に力を入れてきたのがバナジウム・レドックスフロー電池です。この蓄電池は日本ではほぼその姿を見ることはないもので、大手非金属メーカーが先駆けていくつか設置しているにとどまっています。海外では、家庭向けの小規模電力やマイクログリッド（小規模なエネルギーネットワークシステム）での活用事例があるようです。

私がバナジウム・レドックスフロー電池に目を付けた大きな理由は耐用年数の長さです。従来のリチウムイオン蓄電池の耐用年数は長くて10年ほどですが、この蓄電池は約25年と長期にわたり安定して稼働できます。しかもこの25年はあくまで電解液以外の寿命であり、電解液は半永久的に使用でき、リサイクルが可能です。

不燃性の電解液を使っているというのも特徴で、電池の運転は常温で行われ、発火や爆発などの危険がありません。また、電解液の量を調節するだけでスタックのサイズを変えられるという利便性の高さや、リチウムイオン電池よりはるかに軽く移動させやすいこと、そして比較的安価に作れることなどいくつものメリットがあります。今はあまりその名を知られていませんが、今後の社会では間違いなく需要が高くなる、次世代の蓄電池であるといえます。

私がバナジウム・レドックスフロー電池と出会ったのは2019年のクリスマスです。知り合いから、面白い蓄電池の開発をやっている大学があると聞き、興味をもったのがきっかけでした。

さっそく私はその大学があるシンガポールに飛び、実物を見て、工場なども視察しました。当時、この蓄電池は世界でも最先端でありまだ実験段階にありましたが、私はすぐにその開発者と契約を結びました。先ほど挙げたような独自の特徴に大きな可能性を感じたからです。

ただ、このバナジウム・レドックスフロー電池を輸入して国内に広めていくのは簡単ではないとすぐに分かりました。日本の電機関連の規格は諸外国に比べかなり厳しくなっています。この蓄電池についても、法律や規格に準拠させるために最低限、設計変更を検討する必要がある項目が100件弱ありました。ごく端的にいうなら、日本で求められるような精密さを当時、この蓄電池はまだまだ備えていなかったのです。

そこまで全面的に作り直すなら、自社で新たに開発してしまったほうが話は早いです。シンガポールの契約先とも相談のうえ、ある程度のメインパーツだけを購入し、それ以外は国内で製造することに落ちつきました。

ただし、技術面ではパートナーが必要でした。エンジニアリングを専門とする企業と協議を重ね、日本仕様化へ向けて共同で協議をする準備ができました。私の会社だけで研究を一から進めていれば5年、6年もしくはそれ以上の年数を必要としたかもしれませんが、技術力と資本力に優れる大手企業の協力によって、数年も経たずに成果を得られる可能性が出てきました。もちろんその対価は支払う必要があるのですが、それでもこの蓄電池の完成で環境事業が大きく前進するのは間違いないといえます。

バナジウム・レドックスフロー電池があれば、現在取り扱っているあらゆる再生可能エネルギー発電とセットで営業をかけることができます。効率的な再生可能エネルギー発電機と、高性能の蓄電池をセットにできることは大きな強みです。

ガソリンスタンドの減少に見るビジネスチャンス

ほかの環境商材と組み合わせて使う以外に、蓄電池自体にもビジネスの可能性が秘められています。それは、数年前から国内のガソリンスタンドの数が急激に減り続けていることと関係しています。

全国のガソリンスタンド数のピークは1994年で、そこからじわじわと減り続けてきました。1990年代には石油製品の輸入自由化によって価格競争が激化し、中小の事業者が経営するガソリンスタンドがいくつも姿を消しました。その後も若者のクルマ離れによる自動車保有台数の減少、ハイブリッド車の台頭による燃費の向上、地球温暖化対策税導入といった業界にとってはネガティブな要素が積み重なり、ガソリンの需要が減り続けてきたのです。

そんななか、ＳＤＧｓの広まりもあって世界中が脱炭素に向けて動きだしたことが強烈な逆風となり、近年はさらにその数を減らしています。資源エネルギー庁によると、２０２０年度末の全国の揮発油販売業者数は１万３３１４社で前年度末比５２１社も減少しました。それに伴ってガソリンスタンドの数も減り、２０２０年度末は２万９００５カ所と、１９９４年度末の６万４２１カ所に比べ半分以下の数となっています。

このようなガソリンスタンドの減少は、実は隣国の韓国で一足早く起きている現象です。そして韓国では、営業を停止してかなり経つのにぼろぼろの建物と地下のガソリンタンクだけが残っている状態をよく見かけます。ガソリンスタンドは地中に大きなタンクを埋め、そこにガソリンを溜めておいて販売する構造となっています。もし廃業してそこに新たな施設を建てたり更地にして売りだしたりするなら、地中のタンクを除去して土壌を改良しなければいけません。この費用は数千万円に及ぶため、それを用意できない事業者がそのまま放置し続けているというのが韓国の現状です。

この流れは近い将来日本にもやってくると私は考えています。特に地方のガソリンスタンドについて、資金力の乏しい事業者が廃業後に放置せざるを得ない可能性は高いです。

そこで私が考えているのが、地中のタンクごとガソリンスタンドを再利用してしまおうという計画です。そしてその主役となるのがバナジウム・レドックスフロー電池なのです。

地中のタンクに電解液を満たし、数メガの蓄電池に変えて電気自動車の充電スタンドを作ります。現在は、国内における電気自動車の数はまだまだ多くありませんが、脱炭素社会を目指すなら近い将来、必ずガソリン車から電気自動車へのシフトが強力に推し進められるタイミングがあり、いずれ電気自動車が主流になります。そうなれば充電スタンドをはじめとした周辺インフラの整備もまた必須であり、蓄電池を武器にその市場を開拓していこうという構想です。

これ以外にも、バナジウム・レドックスフロー電池にはビジネスの可能性がきっと眠っていますから、環境事業に取り組むにあたっても、その新たな活用の仕方を常に模索していくことで、よりビジネスチャンスが広がるはずです。

日本に適した発電手法、小水力発電

蓄電池のほかに私が注目しているのが小水力発電です。一般河川や農業用水などに流れる水のエネルギーを利用し、水車を回すことで発電するという技術です。電力会社などが行っている水力発電と小水力発電の違いについて明確な定義があるわけではないのですが、日本では発電出力が１０００kW以下の水力発電が小水力として扱われています。

一般河川など水が流れ続ける場所に設置される小水力発電では、その水量さえ変わらなければ24時間３６５日、安定して電力を得られます。設置にあたっても設備は小規模なもので済み、通常の水力発電のようにダムを作ったり、メガソーラーのように山を切り拓いたりする必要はなく、発電の際に二酸化炭素が排出されないため、自然への影響を最小限にとどめることができます。

小規模である分、一つの設備で発電できる電力量は決して多くはなく、かつ発電に必要な落差や流量といった条件を満たす立地にしか作れないという課題もあります。ただ、「水の国」といわれるほど水資源が豊富な日本では、条件を満たす川や用水路は全国にかなりの数が存在しており、世界的に見ても小水力発電に向いている国であるといえます。市町村単位で設置してそのコミュニティ内で電力を消費しつつ、施設の維持管理を行っていくというエネルギーの地産地消に最も適した発電方法の一つです。

小水力発電には、大きく分けて2つの方法があります。まずは川の流れや用水路に直接水車を設置する「流れ込み式」です。既存の流れをそのまま活用するため環境への影響を最小限にできますが、発電に必要な落差や流量確保の必要性から設置場所が限定されます。

続いて、川などから分岐して水路を設け、水車を回す「水路式」です。水路を作る手間はかかりますが、発電に必要な落差を生むための場所や形などを比較的自由に設計できます。

また、用いる水車は主に3種類あります。

①衝動水車

水流を勢いよく羽根に当て、その衝撃でタービンを回します。比較的少ない流量から発電でき、高落差のある立地に適しています。

②反動水車

水流のなかに水車を置き、羽根にかかる水圧によってタービンを回す仕組みです。高落差の少ない立地でも設置可能です。

③重力水車

水の重さでタービンを回す仕組みで、いわゆる「水車小屋」のイメージです。既存の水路などを利用すれば工事を最小限に抑えられます。高落差のあまりない立地で使われ、比較的小容量・低効率であることから発電のみを目的に使われることは少ないです。

水質浄化と発電を同時に行う「ＶＯＲＴＥＸ」

このような小水力発電のシステムは実はかなり古くから存在しています。日本における発電用水車は、１８９１年に京都の蹴上発電所が初の商用発電所として運転を開始したのが始まりとされます。近年は小水力発電システムの技術も進化し、高落差がなくともそれなりの発電量が得られるようになったり、水質浄化を同時に行えたりするものが登場しています。

なかでもユニークなのが、単なる水流ではなく渦の力を使って水車を回して発電する小水力発電システムであるＶＯＲＴＥＸです。お風呂に入ったあとに栓を抜くと、排水口の周辺の水がぐるぐると回りながら排出されていきますが、ＶＯＲＴＥＸの原理もこれとほぼ同じで、その渦の中心の位置に水車がついています。大きな特徴としては、高落差がほとんどなくても発電できることで、高落差０・８～２ｍでしっかり電気を作ることができます。

また、もともとは池の水質浄化を目的として開発されたという経緯があり、渦と水車によって水中に酸素を供給し、微生物による有機物の分解を促進して水質を浄化します。なお、川への設置の際には魚道も設け、環境への負荷をできるだけ減らす設計になっています。ＶＯＲＴＥＸ１基あたりの発電量は10㎾ｈほどと多くはありませんが、いくつかを組み合わせて使えば地域の電力を賄えるほどの出力を得ることも可能です。

私がこの画期的なシステムと出会ったのはドイツのとある展示会でした。とはいえ会場に機械が置いてあったわけではなく、パンフレットの写真に一目ぼれしたのです。その場で開発元に電話をかけ、その本拠地であるオーストリアのウィーン工科大学へとドイツから車を走らせました。そして開発者である准教授と話をしたうえで、実物を見せてもらえることになりました。その准教授は環境問題への造詣が深く、自宅でも風力発電などを行ってエネルギーを自給自足していました。そして自宅の池にＶＯＲＴＥＸを設置していたのです。

発電システムでありながら水質を浄化できるという点がすばらしいと思いました。当時、日本の河川はまだまだ汚れており、問題視されていたため、時代にも合っていると感じた私はすぐに契約を交わし、日本国内の製造販売権を取得しました。そして、意気揚々と自治体に営業をかけていったのです。

しかし、VORTEXはそれから10年間、鳴かず飛ばずでした。その最大の理由が水利権です。日本の河川には漁師などにより細かく水利権が設定されていることが多く、設置するには地元の漁業協同組合との交渉が必要になります。しかし川に新たな構造物を作るのに抵抗感を示す人々は多く、まるで説得できませんでした。ならば用水路はどうかと、管轄している農政局に話をもっていったのですが、すでに整備してあるところに新たな工事をする気はないという理屈でまったく取り合ってもらえませんでした。そうして残念ながら採用に至らなかったのですが、近年ようやく熊本県の南阿蘇村に設置することが決まり、時流が追い付いてきたことを感じています。

小水力発電には間違いなくビジネスチャンスがまだ眠っています。セメント会社や製鉄所など、大量の水を使う工場はたくさんあります。それをそのまま捨てるのではなく、小水力発電により電力を得るというのは十分に可能であり、それがひいては二酸化炭素排出量の削減につながります。

また、現在建設中のリニア中央新幹線の工事など、山にトンネルを掘る工事でも大量の水が出るので、それをエネルギーとして活用すべく小水力発電を取り付けるというプロジェクトがすでに動いています。

意外なところだと、大手放送局のビル内にも、すでに小水力発電が取り入れられています。スタジオや事務室などを冷暖房する空調設備の配管にマイクロ水力発電システムを設置し、ビル内の空調機を冷却するために使われる循環水を利用して発電しています。そうして作った電力はすべて自社で消費し、二酸化炭素の削減にも貢献しているというわけです。

アイデア次第で幅広い場所に取り入れることができるのが小水力発電の強みです。私としても今後、さらなる可能性を探っていきたいと考えています。

第6章

「環境・経済・社会」の課題を解決するローカルSDGs戦略で持続可能なビジネスを描く

世界市場に見る環境事業の可能性

私はこれまで、あらゆる環境商材を海外から見つけてきました。本来であれば、メイドインジャパンの製品があると規格の問題や商習慣の壁などもなくスムーズに導入し事業を展開していけるのですが、残念ながら環境商材は海外、特にヨーロッパに圧倒的な分があり、国産の製品はほとんど存在していないというのが現状です。

したがって今からローカルSDGs戦略を練っていくうえでも、海外にある環境商材の情報をいかに集め、活用していくかということが重要になってきます。ひとまず商社にお願いして商材をそろえてもらうという手もありますが、環境商材に特化した商社は今のところ見かけず、取り扱いのある製品が限られていると感じます。これからしっかりと環境事業に取り組んでいくのであれば、やはり自分で展示会などに足を運んで直に製品をチェックし、人間関係を築いていくのがベストです。最初はもちろん苦労もしますが、それを乗り越えて自社で世界とつながれるようになったときのインパクトは計り知れないものがあります。狭い日本市場にとどまらず、世界市場で環境事業を行っていけるようになるからです。

人類共通の課題である環境問題は、世界中で市場が展開されています。欧米をはじめとした環境先進国はもちろん、巨大市場をもつ中国やインド、そして躍進著しいアジア諸国など、選択肢が多い状態です。

個人的には特にアジア市場に魅力を感じています。タイやベトナム、マレーシアなどは、畜産などのバイオマスを有する産業も日本よりはるかに豊富にありますし、一度国策として動きだしてしまえば一気に普及していく傾向があります。あとは畜産大国であるオーストラリアも魅力的です。畜産バイオマスが無尽蔵にあるのに加え、地熱や水力といった資源にも恵まれています。その土地ごとにいくつかを組み合わせた形で提案できれば理想的です。

ローカルSDGs戦略においても、まずは自分が今いる地域の特性を活かし、エネルギーの地産地消を確立するのが大切ですが、そこで成功例をつくったなら、日本だけではなく世界にも目を向けて同様のモデルが成立する場所を探すと、環境事業の可能性がさらに大きく広がるのです。

地球が抱える環境問題を知る

環境事業に取り組む形はさまざまで、その切り口も多様です。まだ見いだされていないビジネスチャンスを探るうえで、前提となる環境問題への基礎知識は備えておく必要があります。現在は非常に多くの、また細分化された地球規模の環境問題が取り上げられていますが、最低でも押さえておくべき代表的なものとして次の3つが挙げられます。

①地球温暖化
世界中の多くの国々が取り組む、最もよく知られた問題です。以前からその存在が指摘され、国連の下部組織によって2014年に発表されたIPCC第5次評価報告書では人

間が原因で起こっている可能性が極めて高いと結論づけられました。現在の地球は、過去１４００年で最も暖まっているとされています。二酸化炭素を中心とした温室効果ガスの量が大気中に増えたことで、それが地球を覆うベールのような役割を果たし、気温が上昇し続けています。

では気温が上がるとどのような問題があるのかというと、例えば南極や北極の氷が溶けて海面が上昇し、島国などの国土が海に沈んでしまいます。住んでいる土地が沈んでしまえば、その地の人々は難民化せざるを得ません。実際にそうした気候難民の数は増え続け、このままいけば２０５０年には12億人に達するともいわれています（ＩＥＰ「生態系脅威レジスター（ＥＴＲ）」２０２０年発表）。

また、気温が上がり極端に雨が降らない地域が出てくれば、その地は砂漠化して人が住めなくなる恐れがあります。砂漠では穀物の生産が難しく、食糧危機や貧困飢餓が助長されかねません。

そのほかにも、大洪水や巨大台風、熱波による干ばつの発生、水不足といった人類の生存を脅かすような事態につながる恐れもあります。まさに人類が協力して解決すべき大きな問題であるといえます。

事業としても、二酸化炭素の排出量を取引する市場が誕生するなど話題に事欠かず、今後も世界中で成長が見込める重要な市場の一つです。

② 森林破壊

現在、森林伐採や火災などにより、地球上からどんどん森林が失われています。そのスピードは毎年1300万ヘクタールと、北海道の1・5倍ほどの面積が毎年消失しているとされますから、極めて深刻な問題です。

森林では、植物たちの呼吸により二酸化炭素が吸収されます。すなわち森林があるだけで温暖化の予防に一役買ってくれており、そのインパクトは人間が放出する温室効果ガスのうち8%を緩和するほどといわれます。もしこれらがなくなっていけば、間違いなく温暖化のスピードは速まります。

また、陸地面積の7%に過ぎない熱帯林には、地球上の生物の約50%が生息しているといわれており、生物多様性の要となっています。もし熱帯林がなくなったら、地球上の半数以上の生き物が住み処を奪われ絶滅に瀕します。

森林伐採は、主に発展途上国で進んでいます。増え続ける人口に対応するため、森林を切り拓いて農地などへ変換しているのです。例えばアマゾンでは、熱帯雨林をサトウキビ農園や牧場などに変えています。その結果、森林面積は減り続けています。

また、火災についていうと近年は、地球温暖化の影響もあって森林火災が大規模化しています。2019年にオーストラリアで発生した森林火災は、日本の国土面積の3分の1ほどにあたる広大な森林が消失した、史上最悪規模のものでした。また、アメリカのカリフォルニアでも山火事の頻度が高まり、東京都の面積のほぼ6倍もの森林が消失しました。

③ 海洋汚染

地球の表面積の7割を占める海が人間により汚染されています。人間が出したごみや排水などが原因となって世界中の海がダメージを受けています。海が汚染されれば、そこで暮らす多くの生き物に影響が出ますし、それを食べている私たちの体にも汚染の影響が出かねません。

海を汚染する原因として現在最も問題視されているのが廃プラスチックです。これらは生ごみなどとは違って自然には分解されません。ちぎれて小さくなることはあっても完全にはなくならず、数百年にもわたって存在し続けます。

これらのごみはすでに海の生き物を傷つけており、餌と間違ってビニール袋を食し、死に至るようなケースが起きています。また、プラスチックを摂取した海の生き物を人間が食べることにより、それが人間の体内に入って悪影響が出る可能性もあります。

廃プラスチック以外にも海洋汚染の原因はいくつかあります。船舶やタンカーなどの油は、一度流失すると広域に広がり、簡単には回収することができません。重油を積んだ船舶やタンカーの海難事故が起きれば、海洋汚染を引き起こしかねません。海上保安庁の「令和2年の海洋汚染の現状について」によると、油による海洋汚染は年間で286件起きています。

工場から出る排水によっても時に海が汚染されます。日本では過去に、水俣病やイタイイタイ病といった公害病の出現により、工場の排水への規制が厳しくなりましたが、世界では工場からの排水を海にそのまま流し汚染を招いている国もまだまだあります。

工場からの排水はいわゆる赤潮（プランクトンの異常発生）を招くこともあり、時にその海域の魚たちを全滅させます。これは家庭からの生活排水も同じで、私たち一人ひとりが、使用済みの天ぷら油やマヨネーズといった環境負荷の高い食品を直接、排水と一緒に流さないようにするなど日々意識して生活する必要があります。

日本の温暖化対策とカーボンニュートラル

このようなマクロな問題を受けて世界はどのように動いているのかというと、最も大規模に取り組みが行われているといえるのが温暖化対策です。１９９７年12月に京都市の国立京都国際会館で開かれた第３回気候変動枠組条約締約国会議（地球温暖化防止京都会議、ＣＯＰ３）で「京都議定書」が採択されたのが国際社会が協力して温暖化対策に取り組む第一歩でした。

京都議定書では、会議に参加した先進国に対し「温室効果ガスを２００８年から

2012年の間に、1990年比で約5%削減すること」とし、各国としても、EUは8%、アメリカ合衆国は7%、日本は6%の削減を約束しました。のちにアメリカは京都議定書体制から脱退しますが、それを差し引いても世界が協力して温暖化と向き合った歴史的な転換であったといえます。

その後2015年には、フランスのパリ郊外で開かれた「国連気候変動枠組条約第21回締約国会議（COP21）」で「パリ協定」が採択されました。

パリ協定は、2020年以降の気候変動問題に関する国際的な枠組みであり、次のように定められています。

「世界の平均気温上昇を産業革命以前に比べて2℃より十分低く保ち、1・5℃に抑える努力をする。そのため、できる限り早く世界の温室効果ガス排出量をピークアウトし、21世紀後半には、温室効果ガス排出量と（森林などによる）吸収量のバランスを取る」

それまでの京都議定書では、排出量削減の法的義務は先進国にのみ課せられるものでした。しかし近年は途上国が急速に経済発展を遂げ、それに伴って温室効果ガスの排出量も急増しています。特に14億もの人口を抱える大国、中国をはじめ、ロシアやインドなど影響力の大きな国々に削減義務がなかったことで、有効性に疑問符がついていました。

そこでパリ協定では、途上国を含むすべての参加国と地域に、２０２０年以降の「温室効果ガス削減・抑制目標」を定めることを求め、長期的な「低排出発展戦略」を作成し、提出するよう努力すべきと規定されています。そして世界１５０以上の国の同意のもと、産業革命以降の全世界の平均気温の上昇を２℃未満にするという目安が設けられました。

より具体的な数値目標については各国にゆだねられており、達成までの期間の縛りもありません。例えば日本は２０２１年４月に、２０３０年の温室効果ガスの排出量を２０１３年と比べて46％削減するとしています。アメリカは18～21％、ＥＵは24％ですから、これはかなり高い目標であるといえます。国際社会に向けて明確に発信したわけですから、ごまかすわけにはいきません。今後日本では、この高い目標に向けて政府が音頭を取り、社会全体で温暖化対策に邁進していくことになるはずです。

その代表的な政策の一つがカーボンニュートラルです。２０２０年10月、政府は

２０５０年までに温室効果ガスの排出を全体としてゼロにする、カーボンニュートラルを目指すことを宣言しました。ちなみに「排出を全体としてゼロ」というのは、二酸化炭素をはじめとする温室効果ガスの人為的な排出量から、植林、森林管理などによる吸収量を差し引いて、合計を実質的にゼロにすることを意味しています。

カーボンニュートラルは日本だけではなく世界中で取り組まれているものであり、１２０以上の国と地域が「２０５０年カーボンニュートラル」という目標を掲げているところです。

違法伐採を減らし、森林を守る

森林破壊については、長らく世界共通の目標と呼べるものが存在してきませんでした。しかし２０１５年のＳＤＧｓの採択（ゴール15「陸の豊かさも守ろう」など）により、森林保全が世界全体で取り組むべき課題と認識されるようになりました。

特に問題となっている地域がブラジルのアマゾンであり、熱帯雨林では、2020〜2021年にかけて1万3235平方kmの森林が失われたとされます（ブラジル国立宇宙研究所の報告書より）。その背景には、森林を伐採して牧畜用の土地へと変えることでより木材を高く売るなど、人為的な開発が推し進められていることがあります。

そのほかに、東南アジアにおいてパーム油の原料であるアブラヤシの農園を作るために大規模な森林伐採が行われています。また、森林破壊の原因として最も問題視されているのが、違法伐採です。2015年6月のエルマウ・サミットでは、主要な熱帯木材生産国から輸出される木材の50〜90%が違法伐採によるものであり、他の地域も含めると違法伐採による木材は世界消費量の15〜30%を占めると報告されています。

これらに対する世界的な規定は存在していませんが、地域間や二国間などで対策が取られています。例えば「国際熱帯木材機関（ITTO）」では、違法伐採木材の取引を把握するプロジェクトの支援などによって違法伐採を取り締まっています。アメリカではレイシー法の改正により違法木材の規制が強化されましたし、EUでも木材規制の貿易措置があり、市場に違法木材の持ち込みを制限しています。

近年の取り組みとして挙げられるのがクリーンウッド法です。これは２０１７年に日本で制定された法律であり、正式名称を「合法伐採木材等の流通及び利用の促進に関する法律」といいます。違法伐採を取り締まるとともに、伐採国で合法に伐採された木材およびその製品の流通および利用を促進することを目的としています。

違法伐採の大きな問題点としてあるのが、自らの利益のためだけに業者が木を乱獲することです。森林は、「植林→間伐→伐採→製材→植林」というように人の手で管理して初めて健全な状態が保てます。正しい知識をもった林業事業者が最適に伐採していかねばならないのですが、違法業者が何も考えぬまま盲目的に木を切れば、森のサイクルが乱れ、森林が再生できない状態になりかねません。このような事態を防ぐためにも、クリーンウッド法に基づいて合法伐採を行うようきちんと管理し、後世に引き継げるように森林を守らなくてはいけません。

持続可能な森林の利用という点では、適正に管理された森林から産出した木材などに認証マークをつけることによって、持続可能な森林の利用と保護を図ろうとする「森林認証制度」もあります。国際的な森林認証制度としては、１９９３年に林業者、木材引取業者、先住民団体、自然保護団体などが集まり設立された国際NGO森林管理協議会（FSC）や、1999年に小規模林業に対応する形で発足したPEFC森林認証プログラムが挙げられます。こうした取り組みは今後も広がっていくと予想されます。

海を汚すプラスチックをゼロに

海洋汚染について今最も問題視されているのが海洋プラスチックごみであり、国際社会が協力してその解決に向けて動いています。現代の生活において、もはやなくてはならぬものに感じるかもしれないプラスチックですが、その歴史はまだ浅く、一般に普及したのは1950年代以降です。そこから2015年までに世界で製造されたプラスチックは実に83億tを超えています（環境省「環境白書」令和元年版）。

しかし、一度利用されて捨てられた廃プラスチックが世界の海を汚染し、生態系に重大な影響を与えているという現実を前に、海外では脱プラスチックの動きが加速しており、すでに45カ国以上でレジ袋の使用禁止が議会承認されています。

そのほかにも、フランスでは２０２０年より使い捨てプラスチック容器およびカトラリーの使用が禁止になり、インドでは、17州でレジ袋、使い捨てプラスチック容器・カトラリー、プラスチック包装を禁止または制限しています。マレーシアでは、２０３０年までに使い捨てプラスチックの使用を全面的に禁止するとしています。

世界的な取り組みとしては、２０１８年にカナダで開かれたG7シャルルボワ・サミットで、「海洋プラスチック憲章」が提示されました。これは２０３０年に向けて先進国各国で海洋プラスチック問題に取り組んでいくための大枠を定めたものです。ちなみに日本は当時、アメリカと並びこの「憲章」への署名を見合わせました。

これは象徴的な出来事でしたが、脱プラスチックについては、日本は世界から大きく出遅れています。日本は世界でも有数のプラスチックごみ大国であり、２０１８年に発表された国連環境計画（ＵＮＥＰ）の報告書「シングルユースプラスチック」によると、日本人1人あたりのプラスチック容器包装廃棄量は、アメリカに次いで世界第2位です。過剰包装や利便性を重視したライフスタイルが、プラスチックごみを増やし続ける一つの要因になっています。しかも日本では、そうして出たプラスチックごみを、東南アジアを中心に輸出し、その処理を任せてきました。

近年になりようやく日本でも脱プラスチックへの動きが出てきています。2020年7月からレジ袋の有料化がスタートし、2021年3月には「プラスチックに係る資源循環の促進等に関する法律案」が閣議決定され、バイオプラスチック導入に向けた基本的な方針や必要な施策を整理した「バイオプラスチック導入ロードマップ」も策定されています。

海洋プラスチックごみ問題については、2019年6月に開催されたG20大阪サミットにおいて、日本は「大阪ブルー・オーシャン・ビジョン」を提案しました。2050年までに、海洋プラスチックごみによる追加的な汚染をゼロにまで削減することを目指すとしています。

ちなみにSDGsでは、ゴール14「海の豊かさを守ろう」において、次のようなターゲットを設定しています。

●2025年までに、海洋堆積物や富栄養化を含む、特に陸上活動による汚染など、あらゆる種類の海洋汚染を防止し、大幅に削減する。

●2020年までに、海洋及び沿岸の生態系に関する重大な悪影響を回避するため、強靭性（レジリエンス）の強化などによる持続的な管理と保護を行い、健全で生産的な海洋を実現するため、海洋及び沿岸の生態系の回復のための取組を行う。

●あらゆるレベルでの科学的協力の促進などを通じて、海洋酸性化の影響を最小限化し対処する。

●水産資源を、実現可能な最短期間で少なくとも各資源の生物学的特性によって定められる最大持続生産量のレベルまで回復させるため、2020年までに、漁獲を効果的に規制し、過剰漁業や違法・無報告・無規制（IUU）漁業及び破壊的な漁業慣行を終了し、科学的な管理計画を実施する。

●2020年までに、国内法及び国際法に則り、最大限入手可能な科学情報に基づいて、少なくとも沿岸域及び海域の10パーセントを保全する。

●開発途上国及び後発開発途上国に対する適切かつ効果的な、特別かつ異なる待遇が、世界貿易機関（WTO）漁業補助金交渉の不可分の要素であるべきことを認識した上で、2020年までに、過剰漁獲能力や過剰漁獲につながる漁業補助金を禁止し、違法・無報告・無規制（IUU）漁業につながる補助金を撤廃し、同様の新たな補助金の導入を抑制する。

●2030年までに、漁業、水産養殖及び観光の持続可能な管理などを通じ、小島嶼開発途上国及び後発開発途上国の海洋資源の持続的な利用による経済的便益を増大させる。

●海洋の健全性の改善と、開発途上国、特に小島嶼開発途上国および後発開発途上国の開発における海洋生物多様性の寄与向上のために、海洋技術の移転に関するユネスコ政府間海洋学委員会の基準・ガイドラインを勘案しつつ、科学的知識の増進、研究能力の向上、及び海洋技術の移転を行う。

●小規模・沿岸零細漁業者に対し、海洋資源及び市場へのアクセスを提供する。

●「我々の求める未来」のパラ158において想起されるとおり、海洋及び海洋資源の保全及び持続可能な利用のための法的枠組みを規定する海洋法に関する国際連合条約（UNCLOS）に反映されている国際法を実施することにより、海洋及び海洋資源の保全及び持続可能な利用を強化する。

世界の新基準「サーキュラー・エコノミー」

温暖化、森林の減少、プラスチックごみ問題といった諸問題は、一見するとバラバラなように見えてその根っこは同じであり、つまりは人間が経済活動を優先してきた結果、引き起こしてきたという側面があります。

産業革命以降、世界的な人口増加と経済成長を背景に、社会は大量生産・大量消費を行ってきました。そして資源を消費し、大量の廃棄物を生みだしてきました。こうして「資源の抽出→製造→消費→廃棄」という一方通行な従来型の経済システムのことを「リニア・エコノミー（直線型経済）」といいます。その結果、資源の枯渇やエネルギー問題、地球温暖化、生態系の破壊など、さまざまな環境問題が深刻化していきました。

そんな経済のあり方を変え、持続可能な形で資源を利用していく新たな社会への移行が望まれるようになったのです。

そして現在、世界で注目を集めている概念が「サーキュラー・エコノミー（循環型経済）」です。サーキュラー・エコノミーでは、これまで経済活動のなかで廃棄されていた製品や原材料などを資源と考え、リサイクル・再利用などで活用します。その循環は「資源の抽出→製造→消費→リサイクル・再利用（＝資源の抽出）→製造」という形になります。製造の段階からリサイクルや再利用を想定しておくことで廃棄物を極限まで減らし、新しい資源の利用も最小限に抑えられます。

国際的なサーキュラー・エコノミー推進団体であるエレン・マッカーサー財団が「サーキュラー・エコノミーの3原則」を示しています。

①廃棄物と汚染を生み出さないデザイン（設計）を行う
②製品や原料を使い続ける
③自然システムを再生する

ちなみにサーキュラー・エコノミーと似たような概念として、Ｒｅｄｕｃｅ（リデュース）・Ｒｅｕｓｅ（リユース）・Ｒｅｃｙｃｌｅ（リサイクル）の頭文字を取った「３Ｒ」があります。これもまた、ごみの発生を抑制した製品づくり、同じものを繰り返し利用すること、廃棄物を資源として再活用、といった考え方ですが、３Ｒが廃棄物が出るのを前提としているのに対し、サーキュラー・エコノミーではそもそも廃棄物や汚染を発生させないという考え方が軸となっています。

サーキュラー・エコノミーの分かりやすい事例の一つがシェアリングエコノミー（共有経済）です。インターネットを介して個人や企業の資源を貸し借りする経済モデルとして、廃棄物が出るのを防ぎつつ経済効果を生んでいます。

このように、サーキュラー・エコノミーという新たな経済システムへの移行に伴い、さまざまなビジネスが登場して成長していくと予想され、２０３０年までに全世界で４兆５０００億ドルもの経済価値を生みだすと期待されています。

世界のうちサーキュラー・エコノミーに最も早く注目し、取り組みを進めてきたのがＥＵです。２０１５年より、サーキュラー・エコノミーの実現に向けたＥＵ共通の枠組みとして「サーキュラー・エコノミー・パッケージ」を採択し、ヨーロッパ経済を循環型経済システムへと移行することで、国際競争力の向上、持続可能な経済成長、新規雇用創出などを目指してきました。

このパッケージでは、例えば廃棄物に関する主要な目標として、次のような具体的な数字が挙げられました。

・２０３０年までに加盟国各自治体の廃棄物の65％をリサイクルする。
・２０３０年までに包装廃棄物の75％をリサイクルする。
・２０３０年までにすべての種類の埋め立て廃棄量を最大10％削減する。

こうした活動は、ただ政府が理念を掲げているだけではありません。パッケージに適応しない企業を将来的に法的規制で排除するといった動きもあり、多くの企業はクリーンエネルギーを導入せざるを得ない状況になっています。環境問題に取り組みながら、雇用創出や経済成長といった新たな潮流を社会に生みだすのが、ＥＵのサーキュラー・エコノミー戦略であるといえます。

日本国内においては、2021年3月に、環境省と経済産業省および日本経済団体連合会が「循環経済」の取り組みの加速化に向けた官民連携による「循環経済パートナーシップ」を発足、環境省は世界経済フォーラム（WEF）とともに「循環経済ラウンドテーブル会合」を開催し、日本企業の循環経済に関する技術や取り組みを世界に発信しました。

今後は、各企業が自社のビジネス戦略としてサーキュラー・エコノミーに取り組むことが必要になってくるはずです。

環境、経済、社会の三方よしで持続的な成長を実現

ここまで世界の動きを見てきましたが、こうした流れはいずれ日本でも主流となり、多くの企業が環境を意識して事業を行うことが当たり前となる世の中がやってきます。

ローカルSDGs戦略とは、そんな近未来の社会で地方にいながら時代の最先端を行く

ための取り組みであり、他社に先駆けて環境事業に進出し、先行者利益をしっかりと得るというのが大切です。

現在の日本では、世界の潮流のなかで政府がさまざまな情報発信を行い、民間に環境事業を根づかせようとしていますが、実際にＳＧＤｓを事業に取り入れたり、サーキュラー・エコノミーの発想で新たな事業をつくったりしているのは大企業ばかりで、中小企業にはほとんど浸透していないと感じます。中小企業経営のヒントになるような最新の考え方や事例を知るには、やはり国内ではなく国外に目を向け、情報を集める必要があります。

環境商材についても、メイドインジャパンの製品はほぼ存在せず、今のところヨーロッパなどからの輸入に頼るしかない状況が続いています。したがってこれから環境事業に着手し、収益の柱に成長させていくには、海外とのやり取りができる人材を確保するということが必須です。

私の会社では10年以上前からそうした人材を募ってきました。採用にあたってはＴＯＥＩＣが７００点以上など多言語に対応できることを重視し、外国人も積極的に雇用してきました。インターンシップとしてフランスから学生を招いたり、逆にドイツのゲッティンゲン大学大学院に留学している学生をインターンシップとして採用したりして、現地での情報収集や現地企業とのやり取りを行ってもらったりもしてきました。現在では、ネパール、ベトナム、フランスなど8人の外国人が正社員として勤務しています。

こうした体制を実現できているのは、やはりSDGsという世界の共通認識を掲げ、自らの思いを訴えてきたからにほかなりません。人材の獲得に加えて私が注力してきたのは行政を巻き込むことでしたが、こちらはなかなかうまくいきませんでした。

国の方針を受けて、行政が環境事業への取り組みに賛同してくれることは多くなったと思います。しかし、行政に専門知識をもった人材がいるわけではなく、支援はそこまで期待できません。たとえ熱い思いのある担当者がいたとしても、結局は3年ほどで異動していきます。こうした状況下で行政を効果的に巻き込むには、地域の長にアドバルーンを上げてもらうしかありません。もしトップが環境問題に関心が高いなら、それは大きなチャンスですから、どんどんアプローチをかけていくべきです。

環境事業において私が最も大切にしてきたのが、自分の足で歩き、実物を見るということです。その過程でインターネットだけでは出会えなかった思いがけない商材に出会うこともありますし、海外を視察すれば現地で人脈を築くこともできます。

日本には昔から、「三方よし」という言葉があります。三方とは「売り手」「買い手」「世間」であり、商売の理想的なあり方を示したものです。

「三方よし」はもともと、江戸時代から明治時代にわたって日本各地で活躍していた近江商人が大切にしていた考えです。彼らは、自分たちの利益ばかりを考えるのではなく、人のためになることを行い、買い手や社会からの信頼を得ていきました。この「三方よし」を、「環境・経済・社会」に置き換えて考えてみるというのがローカルＳＤＧｓ戦略においてのポイントです。

今後のグローバルスタンダードである環境を考慮したビジネスのなかで、いかに自社の利益を出していくか、そしてその企業活動がどのように地域や社会の役に立つか――この「三方よし」を叶えることができるビジネスモデルが構築できたなら、成功の可能性は飛躍的に高まるはずです。

おわりに

世界は今、大きく変わりつつあります。

これまでの大量生産・大量廃棄のリニア・エコノミーから、循環型のサーキュラー・エコノミーへという経済システムの大転換が行われているのです。

そして今後の社会では環境への配慮を当たり前のものとし、それを実践していない企業は取引相手として選ばれなくなります。この潮流はすでにヨーロッパで表れており、近い将来、日本にもやってくるはずです。そうした時代の変革期を前に、中小企業の経営者は何ができるのか、何をすべきなのか、その答えを私は環境事業に求め、探し続けてきました。

そしてたどり着いたのが、地方の強みを活かし、地域に眠る資源を活用して環境事業を展開するローカルＳＤＧｓ戦略でした。自然エネルギーや資源が豊富にそろう地方だからこそ、都市部では難しいような施策が可能となり、それが強みとなります。例えば土地の82％が森林である岐阜県なら、山に溢れている間伐材をうまく使い、再生可能エネルギーを生みだすような取り組みが適しています。

こうした特徴を押さえたうえで、本業の知見とうまくリンクする領域を探すのも、ローカルＳＤＧｓ戦略のポイントです。私の場合には、もともと高速道路に関する工事をやってきた経験があり、そのなかで防音壁の設置も手掛けていたことから、それを環境事業と組み合わせる形で、木製防音壁を開発しました。

ゼロからすべてを始めるより、本業の設備や技術を転用してコストを抑え、今までに蓄積したノウハウを応用することで、よりよいスタートが切れるはずです。

また、環境事業を一つのきっかけとして本業の仕事の幅が広がる可能性もあります。

例えば私の会社では現在、環境事業として洋上風力発電によって作った電気を蓄電するということに携わっていますが、それを入り口としてつながりができた自治体の土木建設課にアプローチし、実際に仕事の受注に成功しました。そうして環境事業と本業がシナジーを生み、会社の成長につながるというのが理想的ではないかと思います。

環境事業のヒントは、至るところに眠っています。大きなテーマであるSDGsもヒントになりますし、世界の課題から地域の困りごとまで、あらゆる環境問題が入り口となるはずです。

私がここのところ注目しているのが「苔」です。効率的に栽培することができれば、温室効果ガスの削減に新たな可能性を示せます。また、植林事業に比べ苔の栽培ならさほど人の手がかからずにできますから、高齢者でも従事できるはずです。日本で増え続けている限界集落に苔栽培を広め、ゆくゆくは地域を再生させることで温室効果ガスの排出量を減らしたいという願いもあります。

そうして引き続き環境事業に取り組んでいくのに加え、個人的には日本の未来を担う子どもたちに対しても、エコツアーを開催するなどして、環境問題を身近に感じてもらえるような取り組みができればいいと考えています。

２０２０年４月から、ＳＤＧｓは小学校・中学校の教科書に記載されるようになりました。

ＳＤＧｓが日本でも常識となるのにそう長くはかからないでしょう。

そんな近い将来に対し、経営者としてどんなアクションを起こすのかが今、問われていると感じます。

始めるなら、早いに越したことはありません。

明日からでも環境事業のリサーチを始め、自社ならではのローカルＳＤＧｓ戦略へと邁進していってほしいと思います。

著者紹介

篠田篤彦（しのだ・あつひこ）

1954年生まれ。1976年に現・住友建機販売株式会社に入社。その後1980年に祖父が創業した篠田製作所に入社した。1985年に篠田株式会社を設立し、代表取締役社長に就任。1991年ドイツのbaumaという世界中のメーカーが集まる建機の展示会で偶然ごみ処理のガスから発電するという商材を発見したことで、環境・エネルギー事業に乗りだした。環境循環型のドイツの事業に興味をもち、日本で再現したいと思い始めたことから環境事業にのめり込み、その後はバナジウム・レドックスフロー電池や木製防音壁、土砂災害応急アンカーといった魅力的な環境商材を海外で見いだし、日本への導入を進めている。現在さまざまな環境商材をその地域の特性に合わせて顧客に提案し、「エネルギーの地産地消」を広めていくことに挑戦している。

本書についての
ご意見・ご感想はコチラ

地方の建設業が挑む
ローカルSDGs戦略

2023年3月17日　第1刷発行

著　者　　篠田篤彦
発行人　　久保田貴幸

発行元　　株式会社 幻冬舎メディアコンサルティング
〒151-0051　東京都渋谷区千駄ヶ谷4-9-7
電話　03-5411-6440（編集）

発売元　　株式会社 幻冬舎
〒151-0051　東京都渋谷区千駄ヶ谷4-9-7
電話　03-5411-6222（営業）

印刷・製本　中央精版印刷株式会社
装　丁　　弓田和則

検印廃止

ISBN 978-4-344-94163-2 C0034
幻冬舎メディアコンサルティングＨＰ
https://www.gentosha-mc.com/